• 陪伴青春期孩子成长心得 •

# 10–16岁青春期，父母要懂的心理学

■ 李宗远◎编著

在 青春 的季节陪伴儿女成长
在 特别 的日子倾听儿女心声
在 懵懂 的时刻给予儿女指引

处在青春期的孩子生理和心理都在悄然变化，

紧跟儿女心理变化，了解儿女心理动向，做孩子青春期的良师益友。

中国纺织出版社

## 内 容 提 要

每一位父母都希望自己能成为孩子的朋友，都希望孩子有什么心里话会第一时间告诉自己，可往往事与愿违。其实孩子并不是不愿意向你吐露心声，而是你需要了解孩子心里的想法，才能找到与孩子沟通的恰当方式。

本书深谙孩子的内心需求，帮父母轻松找到打开孩子心中秘密的钥匙。通过对孩子内心的探寻，从心理和生理两方面引导孩子走出困惑，走向光明。言简意赅的语句，丰富翔实的案例，令从未涉及过心理学领域的父母一看即懂，一用即会，解除家长的心病，给孩子带来快乐的青春。

**图书在版编目（CIP）数据**

10－16岁青春期，父母要懂的心理学/李宗远编著. —北京：中国纺织出版社，2012.10

ISBN 978-7-5064-8917-1

Ⅰ.①1… Ⅱ.①李… Ⅲ.①青少年心理学—通俗读物

Ⅳ.①B844.2－49

中国版本图书馆CIP数据核字（2012）第171876号

---

策划编辑：闫　星　　责任编辑：闫　星　　责任印制：储志伟

---

中国纺织出版社出版发行

地址：北京东直门南大街6号　邮政编码：100027

邮购电话：010—64168110　传真：010—64168231

http://www.c-textilep.com

E-mail:faxing@c-textilep.com

尚艺印装有限公司印刷　各地新华书店经销

2012年10月第1版第1次印刷

开本：710×1000　1/16　印张：14.5

字数：153千字　定价：25.00元

---

凡购本书，如有缺页、倒页、脱页，由本社图书营销中心调换

# 前　言

当你的孩子进入初中以后，你是不是发现他（她）似乎变了很多：孩子突然长高了，孩子突然变得闷闷不乐，他（她）不再像以前那么听话了，也不把所有的秘密都告诉你了，她时常会拿着小镜子照来照去，开始关注自己的外形和穿着了，爱干净了，并且，你发现，他（她）经常会对你说："什么都不懂，懒得跟你说。""你不明白的。"……

这些语言和行为都代表着你的孩子进入青春期了。

心理医生认为，10 岁之前是孩子对父母的崇拜期，而 12～16 岁是孩子的"心理断乳期"，孩子进入到这个年龄段，随着身体的发育、所学知识的增加以及阅历的增长，他们的自我意识增强，他们渴望脱离对父母的依赖，因此，极易对父母产生"逆反心理"而不服父母的管教。为此，很多父母操碎了心。一方面，孩子正处在青春期，会面临成长中的烦恼，需要有个倾诉的对象，而孩子似乎已经对自己锁上了心门；另一方面，青春期是个特殊的时期，孩子一不小心，就可能走上错误的人生道路……

现在大部分家庭只有一个孩子，孩子成功了就意味着百分之百的成功，而失败了就意味着百分之百的失败，所以父母们"望子成龙"、"望女成凤"的愿望比任何时候都更为迫切，而与之相对应的是父母对孩子的规划越来越多，甚至日常生活都要严加管理，时时刻刻地看管、监视和提防，这使得父母们耗尽时间、心机和精力，可他们仍觉得自己的孩子不是出类拔萃的好孩子。

作为父母，如果我们不了解青春期孩子的独特心理、不了解他们的成长困惑，不掌握一些打开孩子心门的心理学方法的话，那么，我们便很容易陷入“孩子冲动叛逆，父母气急败坏”的教育困境。这些现象提示父母，应该学一点心理学了！

当然，父母需要学习的心理学知识很多，比如，为什么青春期的孩子开始封闭内心、青春期的孩子为什么叛逆？他们为什么变得躁动不安……在了解青春期孩子的这些特殊表现背后的原因后，我们就能做到有的放矢，从而找到最佳的教育方法，帮助孩子解开很多青春期的烦心事！

总之，青春期的家庭教育不是一门简单的学问，敏感、复杂，需要认真对待。家庭教育的关键在家长，家长的方法和态度直接决定了能否和孩子融洽相处，能否使孩子顺利、健康、快乐地度过自己人生中的特殊时期。

编著者

2012 年 6 月

# 目录

# 第 1 章

## 做好青春期的引路人，别让孩子封闭内心

孩子到了青春期后，独立性便大大增强，他们更渴望参与成人角色，要求独立、得到尊重，他们开始营建自己的“小天地”，不愿意依赖父母，甚至出现心理闭锁，不愿意与家长沟通，这无疑会让很多父母焦虑。此时，如果你想打开孩子封闭的心，就必须走入孩子的内心世界，用心体会青春期的风云变化，理解他们，当孩子真正接纳你后，他们便愿意对你敞开心扉了！

## “心理断乳期”，孩子厌烦你的关切

**家长的烦恼：**

一向认为自己的孩子省心的王女士最近有些困惑，她来到儿子所在中学的心理咨询室，对老师说：“我儿子今年刚上初中，从小他就是个听话的孩子，学习也很自觉，学习成绩也不错，所以很顺利地考上了市重点中学。只是我不明白，怎么一到中学就变了很多，以前我给他零用钱他都舍不得花，现在每月生活费总是不够花。后来我才发现，他喜欢买那些时尚的东西，还打扮得像个小混混似的，为此我常教育他，可他常常与我顶嘴，总是强调“时代不同了”，说我是老生常谈。我甚至告诉他，有本事就自己挣钱，结果他顶嘴后几天不理我，有时候还去同学家一住就是几天，我应该怎么办？

生活中，王女士这种情况并不是个案，很多家长都遇到过，尤其是当孩子到了十几岁，有些便不再听父母的话，他们好像突然一下子有了很多自己的想法，喜欢按照自己的想法行事。于是，很多家长不解：我那个乖巧的孩子怎么了？我该怎么办？

孩子之所以会出现这样的情况，是有一定的原因的。心理医生认为，12～16岁是孩子的“心理断乳期”，孩子到了这个年龄段，随着所学知识的增加阅历的增长，他们的内心世界开始变得丰富起来，极易对父母产生“逆反心理”。他们认为自己已经长大了，对社会、对人生有着与父母不同的看法，不要父母处处管自己，于是与父母经常顶嘴，事事抬杠。据统计，爱顶嘴的孩子约占70%，这是一种正常现象。

那么，什么是“心理断乳期”呢？

人的一生有两个重要时期，一个是生理断乳期，在1岁左右；第二个就是“心理断乳期”。

父母们都知道，每个孩子在婴儿期断乳都是痛苦的。面对饥饿，他们疯狂地哭叫，张开待哺的小口执拗地寻觅母亲的乳头，而狠心的母亲却一勺勺给孩子喂进他所陌生的食物，孩子一次次倔强地吐出，最后终于进食了。这就是人类适应环境的一次重大转折——生理断乳。

接下来，从大约12岁开始，孩子们开始逐渐脱离对父母的依赖，直到18岁完成。这个过程，就是少年逐渐摆脱父母、走向成人的过程，这一过程，被心理学家称为“心理断乳期”。此时少年渴望获得独立、渴望父母重新审视自己，把自己当成成人看待，但同时，他们自身又有很大的依从性，无论是精神上，还是经济上，他们都不能摆脱父母的依赖，尤其是当他们遇到一些青春期的生理和心理问题的时候，他们更需要获得父母的帮助。

心理断乳对青少年心理的震撼是巨大的。如果一个人不能顺利度过“心理断乳期”，就有可能走入误区，甚至误入歧途因此这一时期家长一定要给予特殊关注，必须学习一些心理学的知识，做好孩子的心理导师。

**心理支招：**

1. 告诉你的孩子：“我知道你这么做是有一定原因的。”

在这个时期，不同的孩子依据转变程度的不同会出现不同的状态，他们非常渴望家长的理解。而一些父母，只要认为孩子做错了事，也不分场合、方式地批评孩子，这是家长的通病。实际上，这个阶段的孩子是叛逆的，也是脆弱的，有时候，你不经意的一句话就可能伤害他们的自尊心，引起孩子内心的愤恨、埋怨。

所以面对孩子的所谓“犯错”，家长不能马上排斥，更不能一棍子打死，而要像侦探一样跟踪分析事件过程背后隐藏的种种秘密，甚至要帮他分析做事的动机。如果我们能抱着理解的态度对孩子说：“我知道你这么做是有一定原因的。”那么，已经和孩子处于心理统一战线的你就能让孩子心甘情愿地接受你的批评。

2. 告诉孩子：“别怕，有爸妈在。”

家长要多尊重孩子的自尊心，要尽可能支持他们，尤其在他们遇到困难、失败的时候，帮助他们分析原因，制定出可行的、能够被孩子接受的解决方案。一句“别怕，有爸妈在，支持你”。会让你的孩子真正感受到自己并不孤单。

3. 鼓励孩子多吐露心声

作为家长，在家庭中要发扬民主，平时要多注意和孩子沟通，让孩子发表自己的观点，这可使孩子感觉到无论做什么，只有“有理”才能站稳脚跟，这对发展孩子个性极为有利。

总之，我们一不要害怕，二要教育引导，三要注意方式。与孩子建立一种亲密的平等的朋友关系，帮助其顺利度过“心理断乳期”。

## 渴望独立，不愿与父母共同外出

**家长的烦恼：**

这天下班后，王先生还是和平时一样，开车来到儿子的学校，等候在大门口，儿子出来后，神情怪怪的，王先生一眼就看出儿子不对劲。

“怎么了？有什么不开心的事情吗?”王先生问。

“爸,以后放学你能不能别来接我?”

“怎么了？坐爸爸的车难道不好吗？总比你挤公交车好吧?”王先生一脸的疑问。

“反正你别来就是了,从明天开始我自己骑车上学。”说完,儿子和几个同学挤到一辆公交车上了。王先生彻底糊涂了。

回到家之后,王先生和妻子提到这事,妻子说:“我也发现最近儿子怪怪的,以前总嚷嚷自己衣服小了,让我给买新的,可是现在,我拉着他上街都不肯,即使在街上,也是左顾右看,好像有人跟踪他似的,后来,他干脆让我给他钱,说要自己买。”

可能很多家长对孩子的这一表现都感到“丈二和尚摸不着头脑”。其实,这些情况对处于心理断乳期的孩子来说,是一种很正常的现象,孩子是首次独立在做一件重大无比的事情——塑造自我。他们渴望独立,渴望周围的人以及父母把自己当成成人看。此时,有些父母并没有意识到这一点,于是,父母会有一种失落感,你是否有这样一些感觉。

曾经,孩子最爱在你的自行车后座上嬉戏,随着时间的推移,你为孩子买了一辆新车,孩子骑着小车在你的右边,而再后来,你只能经常站在路口,目送孩子骑车的背影,消失在车流中。

曾经,孩子每到生日,就拉着你和爱人的手,认为全家去吃肯德基就是最好的庆祝方式,然后再买套漂亮的衣服;而今天,你只能站在门口,告诉孩子:“晚上回来得早点,我会给你煮生日面!”还没等你的话说完,孩子已经消失在人群里,奔着生日聚会去了。

曾经,女儿最爱的就是妈妈买的粉色的衣服,她认为妈妈的眼光最好,而现在,她宁愿一个人拿着零花钱,去和同学买一些潮流服装,也不愿和你

一起逛街了。

青春期的孩子，要的就是一种独立的感觉，不仅对父母，在学校里，他们也不再像小学生那样事无巨细地去告诉老师，他们更愿意在老师的视野之外用体力或智慧来解决同龄人之间的争端，他们甚至用拳头……这些都让他们有一种独立、自主的感觉。他们喜欢这种感觉，这不是父母的过错。

而作为父母，我们只是想要回原先所习惯的那份透明，那份亲密无间的关系，希望能洞彻孩子的内心世界，生怕孩子外出遭受危险，我们更受不了在孩子与我们之间横亘着一个我们无法洞察、无法把握的地带。

那么，我们该怎样才能找回那份亲密的亲子关系呢？

**心理支招：**

1. 不要剥夺孩子独自外出的机会

你要知道，青春期的孩子已经是半个大人了，他们完全可以照顾自己，可以独立外出，对此，我们千万不可强制，否则，很容易引起孩子的反感。当然，在孩子独自外出之前，我们一定要与孩子订立安全协议，比如，必须在晚上十点之前回家，遇到问题要给爸妈打电话等。

2. 共同外出时，把主动权交给孩子

一般来说，孩子不愿与父母一起外出，是因为他们不希望周围的人把自己看成是孩子，看成是父母的附属品，为此，我们应解除孩子的这种心理负担，比如，让孩子决定今天去哪里、做什么等。这样，孩子会感受到父母重视自己的意见，他们渴望独立的这种心理被理解了，自然，他们也就乐意和父母一起享受天伦之乐了。

如果说孩子年幼时曾在与父母的融合中获得完整感，那么，当少年从心理上把自己从与父母的联合中切割开来后，他们会在不同程度上产生一

种“外人感”，于是，他们急于要摆脱父母的保护，他们希望能拥有更多的空间，对此，父母要承认孩子的成长，做孩子成长路上的支持者，而不是决策者！

## 不予回应，充耳不闻你的唠叨

**家长的烦恼：**

周医生开的心理诊所最近门庭若市，其中很大一部分人都是来寻求帮助的家长。一位母亲这样向周医生陈述自己遇到的问题：“当了十几年的妈妈，我第一次发现，教育孩子这么难，我儿子小时候开玩笑说，以后一定要找一个和妈妈一样好的女孩，可是现在我感觉他开始厌恶我，他的耳朵像个过滤器，同学和朋友的话他倒是听得进去，但对于我的话，他充耳不闻，让你的话在空气中穿过就完事。于是，我们的办法就是大声地吼他来提高他的听进率。不过，事后又总觉得这样不好，担心给他留下什么阴影呢。我该怎样办最好呢？”

对于这位女士的遇到的问题，周医生的建议是：最好不要吼孩子，这样无济于事。事实上，据调查，74% 孩子希望妈妈不唠叨。在父母中间，一般母亲在孩子的衣食住行方面倾注的心血更多，但孩子进入青春期后，便把这种关心当成唠叨，甚至对母亲的话充耳不闻。这是为什么呢？

进入青春期的孩子总是希望得到他人的承认和尊重，希望摆脱成人的约束，渴望独立。他们不愿意再像“小孩子”一样服从家长和老师，他们希望获得像“大人”一样的权利，因此经常固执地与父母顶撞。很多孩子进入青

春期以后，希望有自己单独住的房间，希望有自己单独的书橱和抽屉，并且不愿意父母翻看或挪用自己的东西。不愿与父母沟通交流，对父母的教导表示厌烦。这些都是青春期的正常现象。

而很多父母和案例中的这位女士一样，孩子不听，就加大唠叨的强度和数量。但这样真的有效吗？答案当然是否定的。

青春期的孩子把大人的话当耳旁风，当然也有父母的原因：家长讲话太啰嗦，孩子不愿听；或是孩子做错事，受大人责怪而装作听不见等。

**心理支招：**

1. 多听少说，了解孩子内心的真实感受

有时候，我们的出发点是为了孩子，但却误用了灌输式教育方式。我们可能没有意识到，自己平时对孩子的要求常常置之不理，也忽视了孩子的内心感受，这会使孩子感到沮丧、感到不被尊重。如果我们多听少说，孩子也就不会拒听大人的“命令”。

为此，每次我们在向孩子“发号施令”的时候，不妨先思考以下几点：

很多时候父母唠叨是为了满足自己的情绪需求，要尽可能的关照孩子的需求；

不要在孩子面前表现自己的无奈；

教育孩子不要追求道理，要追求效果。比如，一味地要求孩子一定要按时起床，学习一定要有效率，这样有效果吗？

2. 避免喋喋不休

调查资料显示，父母在孩子面前喋喋不休，把自己真正要讲的意思和许许多多“废话”，例如抱怨、絮叨或责备都夹杂在一起，或是把几件事和几个要求都混在一起跟孩子说个没完时，效果反而会适得其反。

3. 不必大声说话

大喊大叫地对孩子发布命令，这是最不明智的做法。虽然此时孩子的注意力都在父母身上，但他关注的只是父母脸上的愤怒表情，而不是父母所说的话。而父母越是温柔和轻声地说话，孩子越容易关注父母所说的话。

4. 多给孩子一些决策空间

青春期的孩子已经不是襁褓中的孩子，也不是牙牙学语的婴幼儿，他们已经有了独立决策的能力了，为此，你不妨做出以下一些改变：

①尽量让孩子自己做决策，甚至有些情况下，你可以为孩子制造些自主决策的机会，而你要做的，并不是替孩子成长，你只能站在他的身边默默支持他，帮助他。

②给孩子一定的权力，让他自己负责任。他的房间归他管，你只有建议权，他有决定权。

③等孩子向你伸手、希望获得你的帮助的时候再出手。

④不要害怕孩子受挫折，这是一个必需的过程。

作为家长，如果能了解青春期孩子的心理，并能做到以上几点，相信我们一定能走到孩子的内心世界，他们自然也不会对我们的话采取“置若罔闻”或者“随便敷衍”的态度了！

## 交流少了，孩子开始疏离父母

**家长的烦恼：**

有天，周医生上网的时候，看到一位母亲发来的求助信，信的内容是：

"人家说女儿是妈妈的小棉袄，我也一直以有一个贴心的女儿而感到自豪，但最近有一个问题让我很烦恼。我女儿今年14岁了，原来和我们很亲近，尤其是和我，学校里有什么事都爱跟我们说说，晚上还窝在我怀里撒娇，一到节日就缠着她爸爸给她买礼物，一家人亲亲热热的。可这半年以来，女儿与我们的话越来越少，经常一个人躲在房间里，我们去关心她，她嫌我们啰嗦，懒得和我们多讲话，对我们爱理不理，但和同学打电话聊天却是老半天。孩子就像变了一个人，我们心里很着急，为孩子疏远我们而痛苦。"

面对这位母亲的困扰，周医生给她回了一封信："您说您的女儿在半年前开始发生变化，变得不再与您交流，这的确会让您觉得难过。不过，您也不必过于着急，从您描述的情况看，孩子并不是出现了严重的心理问题，而是正处于一个特殊的发展时期，即我们通常所说的'青春期'……"

青春期的孩子疏远父母，这是很正常的一种现象。可能很多家长都会发现，孩子上小学时，天真可爱，一放学，就赶紧跑回家，拽着爸爸妈妈的衣角要糖果吃，并兴高采烈地向父母讲述在学校老师是怎么夸奖自己的，看电视还要靠在父亲或母亲的肩膀上，上街总要拉着父母的手……可一旦到了十多岁，尤其上了初中后，似乎一下子"酷"了起来，回家说句"我回来了"，便一头扎进自己的房间，或用零用钱买了自己的游戏机以后，就与游戏机做起了朋友；除了没生活费的时候，一般不会主动开口与父母说话；不再穿母亲给自己买的"老土"的衣服……我们的孩子变了，一些父母开始焦躁，不知道孩子怎么了，他们感到不安，不断地盘问、责怪孩子，反倒使孩子离自己愈来愈远。这到底是怎么回事呢？

其实，进入青春期的孩子在心理上会表现出以下一些特征，其中重要的一点就是：明显地具有了独立意识。

青春期悄然来临，随着身体的发育，孩子的身体成长、力量增加，他们会

觉得自己变成大人了，应该独立了，故尽量避免对大人的依赖。渴求独立，不希望父母对自己过多干涉，因而与父母的话越来越少。再加上孩子此时开始重视与同性、异性同学之间的友谊，故可以与朋友尽诉衷肠，尽情欢乐，而不愿再对父母说心里话和表达亲密的感情。所以，孩子开始对父母的"疏远"是孩子身心发展的必然，是孩子正在长大成人，独立探索生活真谛，独立处理人际关系的标志。家长非但不应感到紧张，而应该感到高兴。珍视孩子的这种独立性，尊重孩子在家中的权利，有意地把孩子看成是家庭中具有一定地位的独立成员。

**心理支招：**

1. 了解青春期孩子身心发展的特殊性

处于青春期的孩子，他们身心发展迅速且不平衡，很容易出现各种问题，对此，家长不必焦虑，而应该调整心态，以平常心对待。

2. 改变以往的教育方式

我们不再以对待小孩子方式对待正在向成人转化的孩子，对孩子要有尊重的意识，孩子是一个独立的个体，不能以自己的想法代替孩子的想法，所以要学会倾听孩子的心声，而不是一味的管教。这样才能化解孩子的对立情绪，愿意把心里话说出来。

3. 尽力营造父母与孩子共同活动的机会

这样有利于拉近父母与子女的关系，也有利于发现孩子的各种想法，更有利于创造和睦的家庭气氛，比如，父母与孩子一起做家务、旅游、走亲访友等。在共同活动中，父母与孩子增进了解，融洽彼此之间的感情，加强彼此的沟通。父母可以在活动中以自己的言行来潜移默化地影响教育孩子。学习榜样是孩子社会学习的一种主要途径，父母要努力成为孩子的好榜样。

总之，家长应理解孩子的这种“疏远”，但尊重孩子独立性并不意味着家长可以从此撒手不管孩子的事务，相反，家长要给孩子更多的关心。因为孩子虽然有了“成人感”，但孩子毕竟还是孩子，他们并不是完全成熟和独立的，依然需要父母帮忙解决很多棘手的问题。所以，家长应主动热心地关怀他们，理解、尊重他们，信任他们，摸清孩子的思想状况，有针对地予以帮助指导。

## 不说心里话，学会了敷衍父母

**家长的烦恼：**

张老师最近遇到一个家长，这位家长在离学校不远的某单位上班，她每天都等张老师下班，然后和张老师一起回家，张老师明白，她是想跟自己多聊聊。

谈话中，张老师听到她总在埋怨儿子，基本都是情绪发泄。而其中很重要的一条就是，儿子自从上初中后，很少和父母交流，平时让他做什么，他就敷衍了事。

张老师听她讲完后，反问她：“其实，你遇到的这个问题，我听不少家长说过，孩子一到青春期后，独立性增加，他们比从前更需要肯定和理解，先不说这个，你说说你儿子的优点吧。”

“张老师，您真会开玩笑，他哪有优点，他身上都是缺点。”

“是吗？您儿子是我的学生，我比较了解。他学习成绩很好，对人很有礼貌，长得也很帅，乐于帮助人，等等。”听完张老师的话，家长不住地点头。

"现在，您应该知道您的儿子为什么不和您说心里话了吧，作为家长，只有把孩子当朋友，了解孩子，理解孩子，尊重孩子，并看到孩子的闪光点，和孩子心连心，孩子才会愿意和你打开心扉。"

从那天以后，这位家长再也没为儿子找过张老师。

日常生活中，很多家长都对青春期的孩子不和自己说心里话感到很苦闷。他们很想帮助自己的孩子，但不了解孩子，又怎么能让孩子对你敞开心扉呢？

是不是我们的孩子天生就不和父母说心里话呢？恐怕也不是。一般孩子不愿和父母说心里话大概都是从青春期开始的。

孩子到了青春期后，开始渴望参与成人角色，要求独立、得到尊重，他们一反以往什么都依赖成人、事事都依附老师和家长的心态，不是事无巨细样样请教家长了，也不是敞开心扉，什么都可以公开了，出现了心理闭锁。他们开始有了自己的"小天地"，希望有自己的朋友圈子，他们更愿意对同龄人说心里话，而不愿对成年人说心里话。而最重要的是，他们希望自己的这些变化都得到父母的承认。

所以，有时候孩子不与家长说心里话，不是孩子不想与家长说心里话，而是他们的这些变化没有得到家长的理解和尊重，甚至一些孩子每次与家长谈心里话都不同程度的受到伤害，慢慢地就与家长疏远了。

有一位上初三的女孩子，学习成绩优异，人缘也很好。有一天她收到同学的一封求爱信，心里很惊慌，于是，她就把信交给了妈妈，本想从父母处求得解脱的方法，没想到妈妈却用"苍蝇不叮无缝的蛋"之类的恶语相伤。从此后，孩子再也不和家长讲心里话了。

家长此时不该轻易地责备孩子，而是要启发孩子，给予她需要的帮助。青春期的孩子虽然渴望独立，但却不是完全的独立，很多时候，他们希望父

母能帮助自己，而有些父母的态度却让他们退却了。

**心理支招：**

1.“蹲下来看孩子”

理解孩子就要学会和孩子沟通。怎样沟通？就是“融进去，渗出来”。

有一位国王的儿子生了一种怪病，认为自己是公鸡。别人与他讲话他就学鸡叫。有一个人找到国王说他能治好王子的病。他一看到王子，就钻到案子底下学鸡叫，两人一下子通了，在一起玩、吃、住。慢慢两个人感情深了。突然有一天，这个人说，我要变成人了，王子也说，我也要变成人了。

这个寓言故事很好地阐述了“蹲下来看孩子”的教育理念，也就是说，蹲下来，你才能看到和孩子眼睛里一样的世界，就更容易理解孩子看到了什么，在想些什么。只有这样，才可以达到有效的沟通。

2. 尝试与孩子建立起“朋友”的新型关系

孩子进入青春期后，便产生一系列独立自主的表现：他们要求和成人建立一种不同以往的朋友式的新型关系，迫切要求老师和家长尊重和理解自己，如果家长和老师还把他们作为“小孩”而加以监护、奖惩，无视他们的兴趣、爱好，他们可能以响应的方式表示抱怨，甚至产生抗拒的心理。一般地说，从这时起，初中生便开始疏远父母而更乐于和同龄人交往，寻找志趣相投、说得拢的伙伴。他们的交往的范围也不断扩大，先在班级中而后可能发展到班外甚至校外。

因此，家长不要再把他们当做“小孩子”来对待，要放手让他们独立处理一些事情，尊重他们的意见，信任他们，主动和孩子商量家中的一些事情，满足他们的正当要求。这样，他们便同样以朋友的身份与你沟通了！

## 父子的关系怎么会越来越疏远

**家长的烦恼：**

一个周六的早上，刘先生起床后，一边敲儿子的房门，一边说："起床吧，我们去跑步，别一到周末就只知道睡觉、玩游戏。"

"太土了吧，要是被我们班同学看见，周一我就成班上的笑话了。"

"跑步怎么就土了？"

"跟你说不明白，我困死了，别打扰我。"一听到儿子这种态度，刘先生火冒三丈，准备踹门进去，被妻子一把拦住了。

那次之后，刘先生一看到儿子就生气，而儿子也不愿意和父亲说话。慢慢地，父子之间的关系变僵了，有时候，刘先生想看看儿子在玩什么新游戏，也不好意思开口，而儿子遇到不会的习题，也不愿找父亲指导。

家庭是社会的细胞，也是一个团队，任何一位父亲都应该是这个团队的"首席执行官"，是家庭的领袖。作为家长，父亲担任的是和母亲不同的角色，母亲细腻、亲切，但父亲粗犷、威严。然而，随着社会经济的发展，父亲们越来越忙碌，在有些家庭中，养育孩子成了母亲的"专利"，很多父亲会发现，儿子小的时候，自己在儿子心中的形象是伟大的，儿子什么都愿意跟自己说，但随着孩子的长大，尤其当孩子进入青春期，他们开始厌烦母亲的唠叨，因此，很多时候，母亲的教育是无效的，此时，很多父亲被动出场，甚至充当"打人的机器"的角色，于是，亲子之间的关系很容易变得紧张，甚至无话可说。

"看到孩子总是以一副不耐烦的神情跟我说话，我的脾气也不会好到哪里去。他声音大，我的声音就要更大，人在气头上，哪里顾得上风度、民主，我就记得我是他老爸，怎容得他这么放肆？其实，他如果冷静地、以的态度跟我分析他的想法，我又何尝会倚老卖老呢？我都这么大年纪了，怎么会不讲道理呢？"可能很多父亲面对青春期叛逆、独立的孩子，都是这样的态度。

青春期是每个人必须经历的身心发展的重要时期，但是青春期也是孩子的心理断乳期，有种种的表现和心理发展特征，有时孩子做出不如家长意愿的事情，家长无法掌控孩子的突发而来的状况，导致了一些亲子关系出现了问题，造成孩子的烦躁，家长的困惑。

实际上，孩子的青春期对整个家庭来说都是一个动荡期，儿子开始疏远、反叛父亲，父亲心里自然不好受。父亲应该重视青春期孩子身心的变化，及时调整教育方法，否则，亲子关系很容易变得紧张。

**心理支招：**

1. 和孩子一起成长，真实感受青春期孩子的情感

国内外的许多研究证明，经常与父亲在一起的孩子，不仅智商高，而且意志坚强。其实，作为父亲的你，也经历过青春期，也能体会这期间身心上的巨大变化，因此，你可以和儿子一起成长，和孩子一起体验青春期，这个可以缓解造成双方的不适，也幸福的一同感受成长的过程。当然，这里的"一起"，并不是空口说说而已，而是需要作为父亲的你放下架子，真正走入儿子的世界，比如，你可以：

①和孩子一起学习。以身作则，给孩子树立榜样，有意识地培养孩子的学习习惯，如孩子做作业时，您可以拿张报纸、拿本书，和孩子一起学习。

②向儿子请教当下最流行的游戏玩法。这样，孩子才不会觉得你过时

而产生代沟。

总之，对于处在青春期的孩子，更不可缺少父亲的引导和关怀，即使有的父亲外出工作，不能每日在孩子身边，通过电话、E－mail等方式同样可对孩子施加积极的影响。也就是说父爱在时间、空间、情感上都应到位。

2. 缓和教育时的口吻

通常情况下，父亲与母亲的教育方式是有很大的不同，父亲习惯了用命令的口吻、威严的说话方式来教育，但孩子正处于青春期，用以前的教育方法，尤其是强制的、严厉的、简单粗暴的家长作风式的教育，显然是不管用了，只能让孩子的心离你越来越远。

做父亲的一定要记住，你的儿子虽然已经是个小男子汉了，但他的心灵还是脆弱的，你若想走近并走进儿子的内心世界，就必须要心平气和地和孩子交流。

3. 在一些共同体验的活动中与儿子加深感情

你可以和儿子一起参与一项有难度的活动，比如徒步旅行，参加篮球比赛等，并和儿子一起克服困难，"同甘苦、共患难"的人更易加深感情，青春期的孩子也是如此。

同时，你应该成为孩子的精神支柱，在孩子情绪易起伏、自我控制能力不强时，父亲应做孩子精神上的"镇静剂、安慰剂、止痛剂"。

在这个过程中，他们会再次感受到父爱的伟大，这对于亲子关系的修复以及巩固都能起到很好的作用。

我国著名教育家孙敬修说过：孩子的耳朵是录音机，孩子的眼睛是摄像机；他们会通过这些将父亲的行为记录下来，也就成了孩子待人处事的榜样。无论父亲做得好或不好，孩子都早已耳闻目睹。所以，父亲就多了一重社会责任。的确，青春期的孩子是有些变化，甚至会出现很多意想不到的问

题，父子之间亦是如此。作为父亲的你，如果能放下架子，陪伴孩子一同成长，感受这个时期的幸福和快乐，并做到语言、行动得当，亲子间保持良好的沟通，青春期亲子冲突完全可以避免。

## 孩子不愿同父母分享所喜欢的事物

**家长的烦恼：**

初一的时候，小星就喜欢上了信息技术这门课程，平时一有时间，他就开始“钻研”电脑，但他的父母则明文规定，不许玩电脑，放学后必须做多少作业和练习，这让小星很不高兴，于是，放学后，他就尽量不回家，或去同学家或去网吧。不过说也奇怪，小星在这方面确实很有天赋，在市青少年科技创新大赛上，小星获奖了，这让他的父母吃了一惊，并重新认识了孩子“玩电脑”这一情况。但小星却不领情了，他用自己的奖金买了电脑，一放学就把自己关在房间里。有时候，父亲为了“讨好”他，主动向他请教电脑方面的知识，他也不理睬。

有一次，父亲听老师说小星自己建了一个网站，便想看看儿子的成果，这天，他看见儿子的房门没关，电脑也开着，就打开看看，结果他却听到儿子在身后吼了一声：“谁让你动我的东西?”因为自己理亏，父亲也没说什么。不过，从那以后，小星的房门上就多了一把锁。

小星为什么不愿意和父母分享自己的个人爱好与努力成果呢?很简单，因为父母曾经否定过自己的爱好。这明显是小星父母的处理方式不恰当。孩子对现代科技的爱好和探索，家长应予以正确的引导和鼓励，不能以

一成不变、简单粗暴干涉的方式来约束孩子，应该突破传统教育的固定模式，家庭教育也需要与时俱进。

生活中，可能很多家长都遇到过这样的情况：孩子一上初中，似乎一夜之间像变了一个人一样，以前哪怕是周末，也吵着让父母带自己去游乐园，和父母一起画沙滩画，和父母一起吃冰激凌……和父母分享一切。可现在，抽屉上了锁，卧室房门上了锁，孩子开始喜欢一个人玩游戏，一个人看电影，有些女孩甚至认为和母亲逛街是一件丢人的事……这些孩子为什么突然变得冷漠、自私？

其实，孩子不愿同父母分享，也并非孩子的问题。处于青春期的他们渴望独立，他们更希望父母能理解自己、支持自己、尊重自己，但作为父母的我们，如果单单认为孩子的这些行为不可理喻或者强行干预等，那么，孩子只会离你越来越远。孩子要的是父母体会与了解他的感觉，许多父母抱怨他们的孩子不跟他们讨论心中的问题，其实孩子会以试探和犹疑的口吻提出问题来，只是这种心意常被父母一贯传统的反应（如训诫、说教、讽刺等）给打消了。

有位母亲的做法就很好，她发现女儿很喜欢储蓄，小钱罐里装满了硬币，于是，她就和丈夫商量，每月给女儿一些钱，让女儿管家里的日常开销。女儿在接受了这一任务之后，一下子成了家里的小会计，每天都会因为购买一些日常用品而与父母沟通，父母和女儿的关系也比以前亲密多了。而女儿的学习成绩却并没有因此而受到影响。

可见，我们若想拉近与青春期孩子的心理距离，让孩子乐于跟我们分享，就应该在平时多留意社会的发展和孩子的想法，注意与孩子沟通，在了解孩子的想法后也多向老师求教，双方配合合理引导，使孩子个人爱好与他长远的人生目标衔接上，从而共同促进孩子的健康成长。

**心理支招：**

1. 尊重孩子的个性发展，鼓励孩子做自己喜欢做的事

孩子到了青春期，父母的担心便多了，孩子的学习情况、是否早恋、有没有和社会不良青年接触等。而这时期的孩子本身就是叛逆的，父母越是紧张，越是担心，越是干预他们的生活，他们越是义无反顾地做。其实，父母可以改变一下关心孩子的方式，应该相信孩子，不妨先取得孩子的信任：无论你选择什么，爸妈都相信你，但是你也要做出让爸爸妈妈相信你的事情，在保证学习不受影响的情况下，允许交朋友或发展个人爱好。

2. 在与孩子分享的过程中，把主动权交给孩子

有时候，有些孩子不愿与父母分享，是因为父母不是贴心的朋友，父母总是以过来人的态度与观点数落孩子。因此，家长们不要什么事情都认为自己在理，都认为自己是对的，自己的孩子永远是错的。其实孩子的成长不是家长告诉他要怎样做，什么样的结果是对的，什么样的结果是错的，而是要在孩子成长的过程中，引导孩子。在某件事情的过程里，引导孩子去尝试，去钻研，去学习，然后寻找到适合自己的方法和方向。我们不要一看到孩子出现了误差，马上就跑过去告诉孩子，你错了，你应该这样，而不应该那样。这样的话，孩子还有动力，还有心思再去思考，再去摸索吗？

3. 孩子的行为也需要“限制”

和孩子分享他的青春期故事是一件快乐的过程，可是，我们不能什么事情都随了他的愿。这样，你以后就无法再控制自己的孩子了。这里讲到的控制，并不是真正意义上的人身自由的控制，恰当的说法应该是限制。许多事情可能孩子在没有和你商量的情况下，会自己做出自己的选择，但是，在许多情况下，家长们还是要学会控制。比如孩子夜不归宿，家长们就要控制，告诉孩子，几点前必须回家，这是规定，必须要遵守的，不是开玩笑的。

总之，叛逆心理在青少年身上是全方位地表现出来的。作为父母，我们要做的不是阻止与干涉，而是去共同体验、引导，这样孩子才会真心接纳你，听从你的建议！

## 锁上日记本，孩子有了自己的隐私

**家长的烦恼：**

张女士是一名公务员，在单位颇有成绩的她对女儿也寄予厚望，希望能按照自己的想法规划她的人生，女儿一直也是大家公认的乖乖女，但不知从什么时候起，女儿好像变得孤僻了，也不愿和自己包括周围的长辈们多说话了。

最近一段时间，张女士还发现，女儿的书包里好像多了一本日记，难道女儿有什么秘密？不会是交了男朋友吧？怀着强烈的好奇心，一个周末，张女士趁女儿不在家，看了日记，令张女士意外的是，女儿并没有什么秘密，日记的内容只不过是学习压力的倾诉以及与好朋友相处的过程中遇到的问题。

看到这些，张女士悬着的心终于放下了，但从这件事之后，细心的女儿居然给日记上了锁，这让张女士又产生了很多疑问。

的确，日记引起的冲突通常是一个令人伤感的话题。孩子们因父母要查看日记而愤懑苦恼，令家长们坐卧不安的则是：孩子竟然把日记锁了起来！而实际上，有时候，孩子写日记，并不是因为孩子有什么见不得人的秘密，只是他们需要找一个倾诉的对象。

青春期的孩子似乎永远都把日记本当做自己送给自己的第一份青春期的礼物。那么，他们为什么喜欢写日记呢？

孩子到了青春期，随着身体上的发育，他们的心理上也产生种种变化，对于以前父母灌输给自己的种种思想也产生质疑，甚至不再相信成人，因此，他们既觉得孤独，又需要一个倾诉的对象。此时，他们会选择一个完全属于自己、父母不会干涉到的空间，并将自己属于自己的心情、小秘密都倾诉出来，于是，他们会锁上房门，打开自己的日记本，将每天遇到的快乐的、不快的、激动的、气愤的、伤心的事情都写下来，当他写完时，发现心情平复了，感觉也好多了。虽然可能问题还是存在，但他已经把极端的情绪从体内部分地转移到了日记本上，心里轻松了许多。

因此，几乎每个青春期的孩子都有一本带锁的日记，或者是一个放日记本的带锁的抽屉。在这个意义上，我们可以把日记看做是青春期的孩子送给自己的一份礼物。而孩子给日记加上锁，是想要在一个安全的地带独自打量自己，他不想被评头品足，他那点刚刚积聚起来的自信，还需要小心地呵护。这个时候，父母亲如果强行或者偷偷看了日记，孩子就会感到无处藏匿，感到羞辱、气恼，产生令父母惊讶的激烈的情绪反应。可能日记的内容很是平淡，但你窥视了孩子在完全不设防状态下展露的自我，他会有一种被侵犯的感受。

其实，作为家长，完全有其他的方法面对青春期孩子的日记问题。

**心理支招：**

1.不看也罢

可能每一个家长在查看孩子的日记前，都会给自己一万个理由，但最大的理由莫过于你不适应孩子已经长大的事实，不适应与孩子在某种程度上

的精神分离。静下心来想，你可以发现，促使我们这样做的主要原因是情绪上的某种需要。

当我们看到孩子带锁的日记时，你可能会本能地认为：孩子不再对我们敞开心怀，孩子开始躲避我们关注的目光。每一个敏感的母亲都不会对此无动于衷。无可奈何之中我们会感到有点委屈："我养你这么大，怎么连看看日记也不可以啊！"

有一个女儿问妈妈："妈妈，你怎么从来都没有去翻过我的日记本啊？我们班好多同学都说自己的爸妈经常偷看他们的日记呢。"

妈妈笑着对女儿说："你开始写日记说明你长大了，开始有自己的小秘密了，妈妈很替你高兴。但是日记本是你的物品，里面会记录你的隐私，即便是妈妈，我也要尊重你的隐私权啊！所以妈妈不偷看你的小秘密。但是你如果有什么不开心的事情或是很难解决的事情，妈妈希望你可以告诉我，然后我们一起来解决，好吗？"女儿听后幸福地说："我妈妈真好！"

由此我们可以看出来，家长尊重孩子了，孩子自然也会同样尊重家长。您如果向孩子敞开怀抱了，孩子同样会以拥抱待您。如果父母非要查看日记才能了解孩子内心，这只是表明亲子间的沟通有了问题，应该设法改善这种状况，而不是简单去查看日记。

2. 和孩子共同拥有一本沟通日记

这位母亲的方法很值得我们借鉴：

"我现在很喜欢用文字和儿子交流，我曾精心挑选了一个笔记本，在扉页上写道：'我和儿子的悄悄话。'

自从有了这本日记，我和儿子的情感交流多了。

有一天，我去接儿子放学，却发现儿子在用讽刺性语言数落一个成绩差的孩子，当时我并没有当面斥责他，回到家，我在日记本中写道：'儿子，你知

道吗，每个孩子都是天使，你在妈妈眼里是一个优秀的孩子，那个被你嘲笑的同学也一样，身上有闪光的东西。记住这样一句话：在人之上，要视别人为人；在人之下，要视自己为人。'儿子在下面写了一句：'妈妈，我错了。'

儿子放学回家的第一件事，就是阅读这本日记。我发现儿子也开始在日记本上面倾诉了。期中考试，儿子的数学成绩不理想，很怕我批评他。一回家，儿子就交给我这本日记，上面写着：'妈妈，对不起。我因为马虎，数学考得不好。你放心，我下次一定争取好成绩。'”

总之，作为父母，我们一定要接受孩子已经成长的事实，如果您在孩子的成长中前怕狼后怕虎，始终不给孩子以自由，这样不仅会让孩子错失很多自我成长的机会，还会让孩子觉得家长始终是风筝后面的那根绳子，不管自己飞得多高多远，随时都有被家长扯回来的可能，这只会让孩子的心门锁得更紧！

## 观察胜于询问，不要让孩子觉得你很烦

**家长的烦恼：**

小杰现在是初二的学生，作为父母的独生子，他就是家里的“小皇帝”，爸爸妈妈生怕他遇到什么不开心或者委屈的事。他们除了工作外，把所有的精力都投到小杰的身上，而小杰也一直感觉自己很幸福。可是上中学后，小杰的爸妈发现，儿子变了很多，好像心里总是有很多秘密似的，而儿子也不主动与他们沟通，这让他们很担忧、很害怕，他们努力想改善现在的关系。于是，在小杰生日那天，他们特地带着小杰去了他最喜欢的自助餐厅。

来到餐厅后，妈妈取了很多小杰最爱吃的食物，然后和爸爸一起对小杰："生日快乐！"他们本以为小杰会开心地一笑，没想到小杰很冷淡地说了一句："谢谢！"这让他们很意外。

"为什么，你不开心吗？记得你小时候最喜欢我们给你过生日了！"妈妈疑惑地问。

"没什么，吃吧！"小杰依旧低着头，轻声说。

"小杰，你要是遇到什么学习上的问题，一定要跟妈妈说。"妈妈继续说。

"真的没什么。"小杰已经有点不耐烦了。

"可是你今天真的很不对劲啊，你要是不跟我说的话，明天我去学校问老师。"

"你怎么总喜欢这样啊，烦不烦？"小杰的声音提高了很多。

这时，爸爸打破了母子之间的尴尬，笑呵呵地说："我们儿子长大了啊！儿子说说，今天在学校都发生了什么新鲜事儿啊？"

小杰抬起头，淡淡地说："没什么事儿，每天都一样上课、下课。"爸爸不知如何接话，饭桌上一片沉默。

我们发现，这段亲子间的对话，毫无效果，其实原因是多方面的，作为母亲，小杰的妈妈在沟通技巧上还有待学习与提高：干巴巴的道理、唠唠叨叨个没完没了、讲话的语气咄咄逼人，这都会让孩子觉得你很烦，自然不愿与你继续交流。

作为父母，都应该知道，青春期对于一个孩子来说，就如同暴风雨的夜晚，他们既"多愁善感"又"喜怒无常"，感情细腻又多变，因此，需要父母的呵护，稍有疏忽，孩子就可能学习成绩下滑、早恋或者结交一些不良朋友等，因此，很多时候，我们都会对孩子的一举一动相当敏感，总是担心他们这个弄不好，那个弄不好的。其实作为父母应该相信孩子。给孩子独立的空间。

有的时候孩子的一些行为，父母不认同。其实只要不是原则上的错误。不如让孩子自己去碰碰钉子。

其次，我们忽视的一点是，这一阶段的他们独立性增强，总希望得到他人的承认和尊重，希望摆脱成人的约束，渴望独立。他们不愿意再像“小孩子”一样服从家长和老师，他们希望获得像“大人”一样的权利，因此，青春期的孩子，最讨厌的就是父母的唠叨。他们会觉得父母很啰嗦！

**心理支招：**

1. 善于察言观色

日常生活中，我们对孩子的关心不一定全部要通过语言，我们不妨学会察言观色，从一些小细节上发现孩子细微的变化。

与孩子交流，我们要对孩子的反应敏感些。孩子对谈话内容感兴趣时，可将话题引向深入，一旦发现孩子有厌烦情绪，就应立即停止，或转移话题，以免前功尽弃。即使找到交流的话题，也应力求谈话简短有趣、目的明确，切忌啰嗦，以免造成切入点选择准确，但交流效果不佳的情况。

2. 传递“小纸条”

沟通不一定是“用嘴说”，用小纸条也是不错的方法。

杰姆是个单亲家庭的孩子，他的母亲在他3岁的时候就离开了。他的父亲独自抚养杰姆。父亲经常出差，出门前总会在冰箱上留一个便条：“里面有一杯牛奶，三个西红柿，请不要忘记吃水果。”在写字台上留张条：“请注意坐姿，别忘了做眼保健操等。”

多年以后，杰姆考上了大学，父亲为他整理东西时，竟然发现他把这些纸条全揭下来并完整地夹在书本中。父亲的眼睛一下子湿润了——原来孩子的情感之门始终是向自己敞开的，对自己的关爱也始终珍藏在心底。

3. 关心孩子不一定非得询问学习状况

2007年，《钱江晚报》曾经发表过一个有关调查，结论是："在与孩子沟通的问题上，家长指导孩子学习的占70%，这就是问题的症结所在。"孩子的成才应该是全方位的，只抓孩子的学习，对孩子全面发展是极易产生负面的"蝴蝶效应"。这对任何年龄阶段的孩子实施家庭教育过程中都应该避免的。

作为父母，若想和孩子沟通，就需要多关注孩子的方方面面，如果你的儿子是个球迷，那么，你可以默默帮孩子搜集一些有关足球的信息，孩子在感激后自然愿意与你一起讨论球技、赛事等；如果你的孩子爱唱歌，你可以在节假日为孩子买一张演唱会门票，相信你的孩子一定备受感动，因为他的父母很贴心、明事理。

这种类型的交流是"润物细无声"式的，它没有居高临下的威迫感，极具亲和力，孩子也容易打开心扉，接受与父母的交流。

## 用自己的经历引起孩子的沟通兴致

**家长的烦恼：**

刘太太是一名老师，每天上完课，她都会等儿子一起回家。

这天，她又和儿子同路，细心的她一眼就看出来儿子不大对劲。这个乐天派脸上笼罩着阴云，眉头也皱着。

"怎么了？有什么不开心的事情？"刘太太问。

"体育课烦人！"听到儿子这么说，刘太太大概猜出了大致情况，肯定是

体育课太累了，但儿子是体育特长生，如果因为累就这么放弃体育锻炼，那就太可惜了。于是，她准备开导一下儿子。

“今天练习的是跑步？”

“是啊。烦死人了。”

“是不是本来心里就烦啊？”刘太太问。

“嗯。”儿子沉着脸哼了一声。

“要学会淡定嘛！”刘太太开玩笑地说，“而且，凡事你换个角度看，坏事就变成了好事。跟你说个秘密，其实，你妈妈以前在学校，曾被人称为‘飞毛腿’呢，不信？一会儿我回去给你拿每次比赛的奖状看看。记得刚上学的时候，我是个病秧子，几乎每个星期都要去医院，后来，你姥爷就带我去锻炼身体，爬山、跑步，不到半年，我就变成各项全能了。你现在完全有老妈当年的风范。在锻炼的过程中，我也遇到过很多问题，体育锻炼毕竟是体力活，自然不如上网玩游戏、看电视、逛街有意思，但只要我们坚持下来，那么，不仅对身体有益，更会磨炼我们的意志，你说呢，儿子？”

“那倒是，不过我可真没想到，您这个看上去文弱的女教师以前居然是体育全能，真看不出来……”儿子惊讶地看着刘太太。

“走，现在就回家给你看证据……”

这里，我们看到了一个母亲在儿子体育锻炼开始气馁时的一番鼓励性教育。日常生活中，可能很多父母喜欢用说教的方式——“如果你不锻炼，你中考怎么办？”“不要放弃，坚持下来！”“真是没用，遇到一点问题就退缩！”无疑，对于青春期的孩子，这些说教效果不明显，甚至他们完全拒绝与父母沟通，而如果我们能站在孩子的角度，重述自己的经历，让孩子明白父母当年是怎么做的，那么，他们一定能找到如何解决问题的方式。

的确，为人父母者，也都经历过青春期，也和现在的孩子一样，经历过很

多青春期的烦恼和疑惑，人生经验、社会阅历、情感细腻的他们更希望得到作为过来人的父母的指导，但渴望独立的他们，并不愿意主动请教父母，因为这等于在向父母宣告他们依然不成熟。依然依赖父母，当然，他们更不希望父母以教训的口吻或者说教的方式传授经验，此时，作为父母的我们，一定要选择一个温和的方式帮助孩子，告诉孩子自己的经历，告诉孩子自己曾经是怎么做的，不仅会让孩子接收到一个正确处理问题的信号，更能拉近你与孩子之间的距离，有利于亲子关系的维护！

**心理支招：**

面对孩子在青春期遇到的某些困惑，我们该如何疏导呢？

1. 即使孩子“怒火中烧”，也不可自乱阵脚

青春期孩子的情绪是多变的、易激动的，他们好像看什么都不顺眼，都要发飙一样；经常牢骚满腹；目中无人，挑战各项规则；爱争辩。但事实上，他们是一个孤独无助的小大人，孤独地生活在自己的小世界中，他们只不过通过这些行为向我们宣告：我的青春期到了，我有自己的想法、看法了，请尊重我，别惹我！

日常生活中，慢慢变老的我们一定会和青春期的孩子“过招”，当孩子怒火燃烧的时候，做家长的切忌火上浇油、自乱阵脚，我们可以运用以柔克刚的方法。抱怨、不屑的言语只是他们在表达自己对事儿、对人的看法，无论孩子的情绪如何，家长一定要心平气和，先平息孩子的情绪，然后再告诉孩子自己或他人曾经是怎么做的。

2. 闲暇时，多以自己的经历入题，与孩子畅怀沟通

现实生活中，为什么孩子不愿与我们沟通？这与青春期孩子的独特心理有关，但却也有家长自身有很大的关联——放不下家长架子、说话太过严

肃等，事实证明，那些与青春期孩子相处融洽的父母，都有一个杀手锏，那就是有亲和力、说话温和，甚至偶尔会拿自己开玩笑等。

为此，我们要主动与孩子接触，向孩子阐述自己在日常生活中遇到的事，比如一些无伤大雅的糗事、某些光荣事迹、闹过的笑话、青春期情感经历等。期间，如果你的孩子觉得你的经历很无趣，就要及时转换话题，以免造成尴尬。

总之，虽然处于青春期的孩子渴望倾诉、渴望理解，但因为顾及自己“成人”的面子，他们不愿意轻易打开自己的心扉，作为父母的我们，就要找到正确解决这一难题的方法，主动与孩子沟通，帮助孩子成长！

# 第 2 章

## 躁动的青春期，父母如何平抚孩子的叛逆心理

随着身体发育的加快，青春期的到来，孩子在思维上也开始完善，开始思考自己、思考未来与人生，同时，他们会面临很多不解与困惑。此时，渴望独立的他们本能地开始摆脱这些困惑，于是，他们顶撞、反抗父母与老师……一些家长看到孩子出现与以往不同的举动，便会产生焦虑心理，认为孩子可能会越轨等，甚至严加管教，实践证明，这种方法并没有太大的效果。其实，面对青春期孩子的逆反，最好的方法是蹲下身来，和孩子建立一种平等的朋友关系，理解、支持你的孩子，建立起真正的亲密关系，让孩子的世界真正接纳你！

# 孩子认为自己很成熟，父母的嘱咐成多余

**家长的烦恼：**

张老师的儿子叫小文，按理说她应该非常懂得如何教育孩子，可是最近一段时间，她在教育自己儿子上，却遇到了很大的麻烦。

小文是一所名校初二年级的学生，前几天，小文的班主任打电话给张老师说，小文最近学习情绪不高，成绩下滑很厉害，希望张老师能多关心和帮助孩子。听到班主任这么说，张老师也很伤脑筋，她说："我很纳闷，小文一直都很听话，可是不知从什么时候起，儿子根本就不愿意和我说话，一回家就躲进自己房间。有一次，我实在看不下去，就跑到他房间去问他在学校的学期情况，他竟然把我推出来。"

张老师继续说："儿子是个乖巧的孩子，小时候很听话，学习也很努力，自己考上了这所名校，当时我和他爸爸都觉得很骄傲。可上初中以后，听话懂事的孩子变了，问什么都不说，还总嫌我烦。成绩也不如以前了，眼看着就要上初三，他现在这样的学习状态可怎么办？孩子爸爸工作很忙，平时都只有我一人管孩子。但我的工作现在压力也很大。"

听了张老师的烦恼后，班主任答应亲自开导小文。当班主任老师问小文为什么变得不听话的时候，小文回答："我都 14 岁了，再听父母的话，会被同学们笑话是长不大的孩子。"

很多家长都和张老师一样，对孩子突然不听话的变化感到莫名其妙。他们总是在问孩子，把自己的想法说给孩子，责问孩子，但是孩子究竟在想

什么，最近的心理状况是什么？往往没有关注到。

孩子进入青春期，他的身体发育加快、思维成长到一定完善程度时，开始思考自我，思考人生，开始被身心成长过程中的很多问题所困惑，此时，他要想办法去解脱这些困惑，这是人的生存本能。但他们从小至今始终在家人的呵护下成长，当发现现在遇到的事情和情况很麻烦则手足无措，又不知道或不愿意对家长说，认为全听父母或老师的话是不成熟和没长大的表现，对此，家长一定要加以引导。

**心理支招：**

1. 不要让孩子盲目听话

童话大王郑渊洁说他从来没有对自己的孩子高声说过一句话，也从来没有说过“你要听话”。“因为我觉得把孩子往听话了培养那不是培养奴才吗?”因此，不妨告诉孩子：“爸妈并不是要你盲目地听我们所说的每一句话，什么话都听的孩子就是庸才。”这样说，会很容易让孩子感受到父母对自己的理解。

2. 鼓励孩子有自己的思维方式

一位中国的幼儿教育专家到国外考察，看到一个幼儿用蓝色笔画了一个“大苹果”，老师肯定地说：“嗯，画得好!”，孩子高兴极了。这时中国专家问教师：“他用蓝色画苹果，你怎么不纠正?”那个教师说：“我为什么要纠正呢？也许他长大后真的能培育出蓝色的苹果呢!”

其实外国教师或家长这样容忍孩子“不听话”是有道理的，它可以保护孩子的想象力，激发孩子的创造力。青春期的孩子，他们有自己独特的思维，家长们如果用成人的思维方式粗暴地干涉，就会扼杀他们的想象力和创造力。

3. 给孩子一个行为标准

这个行为标准的制定必须是在和孩子已经站在统一战线的前提条件下，也就是孩子认可有时候父母的话是正确的。

此时，你应该告诉孩子一个原则，一个标准。在这个标准下，他知道什么东西去执行，什么东西坚决反对，掌握好这个度就可以了。不是不管他们，而是怎样合理地管的问题。

综合来看，对于青春期孩子不听话的问题，一定要辩证地看。我们不需要培养那种盲目听话的“乖孩子”，因为“乖孩子”真正成为社会精英、业界尖子的不多。当然，并不是说“不听话”的孩子就一定聪明，出尖子。孩子的“听话”应更多体现在生活规矩、行为道德上，父母应做出正确的引导，用于在学习和对待事情上。

## “叛逆”的孩子，反面教育不如正面引导

**家长的烦恼：**

对话一：

上初三的儿子染了黄头发。

父母：“谁允许你染头发的？你照照镜子，多难看，明天不染回来就不许进家门！”

儿子：“我就是喜欢，为什么要听你们的？”

对话二：

妈妈：“最近怎么老有男生打电话找你，成什么样子？你已经是大女孩

了，不能乱和男生接触。”

女儿：“要你管？”

对话三：

你说：“天冷了，穿上毛裤吧。”

孩子说：“用不着，我不冷。”

你说：“天气预报我刚听过，还能有错吗？”

孩子说：“我这么大了，连冷热都不知道吗？”

你说：“你怎么越大越不听话，还不如小的时候呢？”

孩子说：“你以为我傻呀，真是的。以后少管闲事。”

这样的对话，或许很多家长都遇到过。孩子到了青春期后，好像总是故意和自己作对，和自己唱反调。很多父母感叹：“我让他往东，他就是往西。”“我说的话，他就没有听过。”的确，青春期的孩子，常常会产生逆反心理。逆反心理是指人们彼此之间为了维护自尊，而对对方的要求采取相反的态度和言行的一种心理状态。

青春期的孩子为什么会如此逆反呢？有三个方面的原因：

第一，青春期的孩子因为身体发育而产生了一些属于青春期的独特心理。身体上的变化、第二性征的出现给他们的心理造成了一些冲击，他们往往会对此感到不知所措，因此，他们便会产生浮躁心理与对抗情绪；

第二，除了身体上的发育并趋于成熟外，青少年还渴望独立，希望周围的人把自己看作成年人，青因此在面对问题时他们常常呈现一种幼稚的独立性；

第三，自我意识的增强、社会上各种新奇的事物让青少年们产生兴趣，他们要通过表现个性、追逐时尚等方式来满足好奇心；

另外，社会和家庭教育的一些不足，青少年面临的各种压力，以及生活

中的无聊情绪等，也是逆反心理产生的“沃土”。

在孩子有逆反苗头的时候，家长首先要反思，也许是自己正在挑起这种情绪，或者孩子对自己的什么地方有意见，并有针对性地找办法解决。

**心理支招：**

1. 面对孩子的变化，不必大惊小怪

我们要了解孩子身心的变化，理解孩子的这些变化其实都不是什么大问题，在此基础上，坦然地接受孩子的变化，并转换角度，从孩子的立场看问题。

2. 找出孩子产生逆反心理的原因，有的放矢，对症下药

每个青春期孩子产生逆反心理的原因和表现都是不同的。

如果女儿只是尝试穿妈妈的高跟鞋，用妈妈的化妆品，或者儿子换了一种新潮的发型，您完全可以把这种现象当作普通的爱美之心。

如果孩子事事和您作对，拒绝接受您的任何意见，就需要第三方的介入，让孩子信任的长辈与他好好沟通；或者寻求心理医生的帮助，进行家庭干预或家庭治疗。

3. 与孩子交流忌从学习入题

同孩子交流，家长不要老以学习成绩入题，这样会让孩子心有压力，怀疑家长交流的动机。交流时，可以从家事入手，将孩子的情绪稳定下来后，再谈正事。

4. 孩子的逆反也可以预防

为了防止孩子出现逆反情绪，您需要从小就和孩子建立良好的亲子关系，积极和孩子进行沟通。在和孩子沟通时，最好以朋友的方式，将孩子当作一个独立的个体尊重。

总之，青春期是人生的关键期，需要家长多些关心，但家长要保持平静心态，了解孩子成长的发展规律，更多帮助孩子解决实际问题。

## 说一句顶十句，孩子的“有理”心理

**家长的烦恼：**

一位母亲苦恼地对心理医生诉说，我的孩子就要上初三了。从暑假开始，女儿好像变了一个人，经常一个人闷在房间里上网、玩游戏，对家长不理不睬。前两天我和爱人想跟女儿好好沟通一下，没说几句话，女儿就顶撞说：“我就是不知好歹，不可理喻。”还在自己的房间门贴上“请勿打扰”几个字，我真是生气。

生活中，有一些孩子的言行，比案例中的女孩更为逆反，他们基本上不和父母沟通，父母说一句，就顶十句，他们总觉得自己是对的。而父母为了更正孩子的观点极力发表自己的观点，如果双方都坚持自己的立场，便容易产生对立的关系。父母如果能感受孩子的想法，你会发现，其实孩子的想法也有其一定的道理。

青春期的孩子情感起伏大、变化大并难于驾驭。他们有了喜怒哀乐，不但不愿向父母吐露，还埋怨父母不理解自己，如果父母教育的方法不得当，如对孩子的表现刨根问底，或是漠不关心就会增强他们的反抗情绪。作为父母应放下架子，与孩子平等相处，当孩子的知心朋友，争取成为他们倾吐心事的对象和安慰者。

**心理支招：**

1. 把命令改为商量

在很多问题上，父母不要太过武断，也不要替孩子做决策，而应该先问询孩子的意见，“你是怎么认为的呢？你打算如何处理呢？你打算什么时候开始做呢？”这就表示了我们对孩子的尊重，在了解了孩子的想法后，如果有些部分不正确，我们再以研究和探讨的语气与之商量：“我能理解的你想法，但我们还要考虑这件事的可行性，不是吗……你认为妈妈的意见对吗？”

孩子是聪明的，有判断力的。如果你的话有道理，孩子也是会采纳你的建议。交流会越来越多，亲子关系更好。

以商量的方式去解决问题，即使商量失败，但感情氛围会增强，有利于以后问题的沟通。家长如果武断地命令，就会使眼前的问题没解决，还破坏了感情气氛，阻断了感情沟通，失去今后问题解决的机会。

2. 不妨让孩子吃点“苦头”

青春期是孩子形成主见的关键时期，小错肯定难免，所以，家长应该允许孩子犯一点错、吃点亏，不要过分束缚孩子的手脚。

例如你的儿子“要风度不要温度”，寒冬腊月坚决不穿毛衣，倘若商谈没成功，不用着急，让他挨一次冻，真感冒了，他会明白你的意图，至少以后会考虑你的意见。

总之，对于青春期的孩子，支持要比压制好，商量要比命令好，另外，只要孩子的想法合理，就要给予全力支持！

# 离家出走的孩子心里想什么

**家长的烦恼：**

有一篇报道讲述一个15岁的女孩——小蕊9次离家出走的经历。

小蕊有个幸福的家庭。“小蕊有个弟弟，即使如此，我们没有重男轻女的思想，实际生活中，对小蕊宠爱有加，同龄人拥有的电脑、手机、MP4……我们都给她买了。”

“但不知为什么，从初三开始，她就不间断地离家出走。开始有时晚上没回家，也不告诉我们。第二天我们就追问，她就说在朋友家玩得太晚就没回来。之后这种情况发生频率越来越高。有一次，她整整四天没有回家，我们也联系不上她。找遍了她所有可能去的地方，问遍了她所有要好的朋友，都看不到她的身影。”

小蕊的父母曾想过报警，但是小蕊在出走之前就“警告”过他们，不要报警，否则后果自负。

每天晚上，小蕊不回家，她的母亲就彻夜等她，生怕女儿在外面出点事。有时候小蕊回来，母亲就盯紧了她，害怕她又出走。小蕊的母亲说，“平常一个电话都能把我们吓得冷汗直出。就害怕小蕊出事”。

小蕊的父母就不明白，15岁本是一个无忧的年纪，这时的孩子理应在学校和家庭的关怀下成长。而小蕊却执意要过漂泊的生活。面对复杂的社会，他们担心小蕊将会变成什么样子？也许下一次出走，就变成了她与父母的永别。

小蕊的事件并不是个例，对于青春期孩子离家出走的问题，专家称：孩子有问题父母难辞其咎。这给父母们带来了不小的困扰。令人不解的是，为什么这些孩子会出走呢？分析其原因有：

1. 逃避学习压力

曾经有一则调查报告称：在被访的中学生中，35%的学生坦言“做中学生很累”，有34%的学生说，有时“因功课太多而忍不住想哭”，面对高强度的学习压力，很多父母并不理解，而是继续给他们施压。更可怕的是，1/5的学生有过“不想学习想自杀”的念头。

有些孩子的压力来自自己，他们为自己订立各种学习目标，而一旦没有实现，他们便感到气馁甚至有逃避的思想。

也有的压力来自父母，家长的目标太高，孩子的考试成绩达不到要求，就给孩子施加压力，孩子就感到恐惧，希望一走了之。

2. 逃避惩罚

有的孩子做了错事，害怕父母惩罚，于是，他们选择出走。这种情况一般出现在那些经常惩罚孩子的家庭。

3. 被外界环境诱惑

有的孩子通过各种渠道接受很多信息后，经受不住诱惑，对读书不感兴趣，热衷于读书以外的东西，像早恋或者迷恋网吧，进而发展到离家出走“实现理想”。

对于家庭来说，孩子的出走，是山崩地裂般的灾难。有的父母举着孩子的照片一个城市一个城市寻找，有的父母因找不到孩子而精神失常，有的父母为了孩子的出走相互责怪而导致离异，还有的家庭为了找孩子而债台高筑……那么，作为家长又该怎么做呢？

**心理支招：**

1. 预防为主，让孩子自由成长

专家建议，家庭教育对孩子影响相当大，孩子的第一任老师是父母，不少孩子离家出走是由于缺乏与父母沟通。因此，父母在平时要加强与孩子的交流，不要强迫孩子去做一些事，给孩子自由成长创造空间。对孩子的学业，我们也不应该过多干预，青春期的孩子已经认识到学习的重要性，整天唠叨与叮嘱会让孩子反感。

2. 密切关注孩子的心理变化

很多孩子离家出走都出乎父母的意料，父母应经常注意孩子的心理变化和需求。

如果孩子犯了错误，要循循善诱，指出问题的严重性，提出解决的办法，使之自觉改正错误。而不应该横加指责，否则，孩子就会因为逃避责骂而离家出走。

3. 增长孩子的见识，使其正视社会诱惑

让孩子经历一些挫折和磨难教育，吃一些苦。家务劳动，只要适合孩子做的，应让孩子去做。

根据孩子的年龄，让他们参加一些社会活动，做错、做坏也不怕，家长要抓住机会给予指点，直到圆满完成。积极培养孩子的勇气、自信心、责任感，使孩子健康成长。

4. 真诚接纳归家的孩子

如果离家出走的孩子回来了，家长一定不要恶语相向，甚至打骂。要好好与其沟通，安慰并关心孩子，让孩子感受到家庭的温暖，缓和矛盾，解决问题。专家建议，“父母的恰当做法是，为孩子提供一个安定、和谐、温馨的家庭氛围，让孩子那颗纷乱的心安定下来，慢慢地讲道理，让孩子从‘出走’的失误中懂得人生”。

# 叛逆才"出彩"

**家长的烦恼：**

场景一：

朱先生的儿子把头发染成了黄色，中间又夹染了几撮红发，还穿上新奇的服装，朱先生说教无果，到学校求助老师，但他惊奇地发现，儿子班上大部分男生都打扮怪异。

班主任老师对朱先生说："这就是青春期的孩子叛逆表现之一，每次看到长辈和周围的人对他们的表现投去的异样的目光，他们就扬扬得意，因为他们觉得自己受到了关注。"

场景二：

一名高中女生的家长说，平时她很少给孩子钱，但家里的钱放在哪儿从不背着孩子。可前几天孩子竟敢拿了600多块钱给自己买了几套衣服，批评她时她却不以为然。

作为父母，你是不是发现孩子最近变了，有的总爱照镜子，摆弄头发、摆各种Pose；有的不再喜欢妈妈带他去剪头发，不再喜欢可爱的小萝卜头；漂亮的卡子和装饰品，成了女儿的最爱，甚至有的孩子喜欢一些新奇的打扮，让你无法接受。

其实，青春期的孩子希望自己活得有个性，成为周围人关注的对象。于是，很多青春期孩子会不遗余力让自己变得很另类。为了使自己像个大人，容易交到朋友，显得轻松、潇洒、大方，许多青少年用零用钱吸烟、喝酒，有的

女孩子在青春期过分追求穿戴打扮，更有中学生之间谈情说爱……家长每天都在管孩子，可孩子们依然我行我素，有时家长管严了，孩子竟以离家出走相要挟。这些青春期的孩子让家长头痛不已。的确，青少年的逆反心理如果得不到及时合理的调适，发展成不可调和的矛盾，就有可能做出带有孩子气的傻事和蠢事，最终酿成悲剧。

**心理支招：**

1. 关注孩子在生活中的细小变化

生活中，有些父母工作繁忙，他们只关心孩子每次的考试成绩，有时孩子换了一种新发型、一件新衣服，他们都没察觉出来。于是，这些孩子采用一些新奇的打扮、怪诞的行为来引起父母的关注。

对于这种情况，父母一定要对孩子说："对不起，爸爸妈妈一直以来都忽视了你的感受！"真心向孩子道歉后，你就必须用行动证明自己在关心孩子，不仅要关心孩子的学习，更要关心孩子在生活中的细小变化等。你可以告诉他："不错，今天这发型绝对回头率高！"得到父母的认可，他们对自身的形象会信心大增。

2. 不要直接批评孩子的审美观点

如果我们直接对孩子说："瞧你什么德性，跟小混混有什么区别？"那么，孩子多半会立即反驳：你不懂，你不了解我的感受，从而排斥父母。父母要阅读一些流行信息，或利用机会教育。如：跟孩子外出在地铁或路上，看到女孩穿低腰裤，跟孩子讨论："你如何看待穿着暴露的女孩子？""女孩子如果穿着暴露的衣服走在大街上，你感觉如何？""你认为这样好看吗？""你喜欢这样穿吗？""这样露给别人看，想证明什么？"引导孩子思考。

3. 告诉孩子怎样才会赢得他人的真正尊重与佩服

我们知道，只有学习成绩优秀和良好的道德品行才会得到周围人的认同，但对于青春期的孩子，他们并不一定有这么高的认识。因此，父母不妨以事例引导："你爸爸今天在回家的路上救了一位差点被车撞的老大爷，周围的人个个都竖起了大拇指。"或者和孩子一起观看具有启发意义的电影、电视剧等。另外，我们还可以和孩子一起评价周边的人等，在这个过程中，让孩子懂得我们要注重外表，但是内心的美才是最重要的，让孩子的思想在潜移默化中得到改变。

总之，孩子有逆反心理和行为，不是我们用大呼小叫的训话，或无休无止的打骂可以奏效的，需要父母耐心地、含辛茹苦地引导和疏导。

## 上课捣乱，让老师生气才有成就感

**家长的烦恼：**

"我是一个14岁男孩的母亲，儿子今年上初中三年级，他从去年开始变的逆反心理越来越强，喜欢跟老师顶嘴，开始时在课堂上故意捣乱，现在发展到不学习、上课不听讲，趴在桌上睡觉。现在回家连书包都不带回来。"一位母亲说。

"这个月我已经是第五次被老师请到学校了，我儿子上课要么不听讲，要么和同桌讲悄悄话，更严重的一次他居然把篮球拿出来，和几个男生一起玩传球，新来的英语老师被气得够呛。"另一位父亲说。

"我真不知道您的儿子是不是有多动症，他总是捣乱，我没法上课，也影

响了其他同学，希望你回去好好教育他。”一位老师对某家长说。

学习对于任何一个孩子来说，都是很重要的事。而课堂学习是一个师生互动的过程，学生成绩的好坏很大程度上取决于课堂听讲的效果。但很多孩子一到初中，就由以前一个上课认真听讲的好学生变成一个“捣蛋虫”，这不仅给老师的教学工作带来困扰，也让很多父母忧心忡忡，希望能找到一条有效解决问题的途径。

一般来说，青春期孩子在课堂上不能注意听讲大约有两种表现：

第一，有些孩子不听讲，但是“自己玩自己的”，在座位上做小动作，玩文具、听音乐、看课外书等，不会影响到老师上课和他人听课。

这些孩子不听讲是因为他们根本无法听进去老师上课的内容或者根本听不懂。这是一种学习障碍。

二是自己不听讲，还影响周围其他的同学。这类同学似乎永远有说不完的新鲜事，甚至绘声绘色地为周围其他同学讲述，有的同学碍于面子或者同样有话要说，也有的同学是不和别人说自言自语，这就造成课堂学习中的一种噪音，既严重干扰了老师的课堂教学，又严重影响学生的学习效果。一些同学自己不听讲，还在课堂上大声喧哗，甚至随便下座位、打闹，极大破坏了老师的课堂教学及学生的课堂学习，老师经常不得不中止教学维持课堂纪律。

弗洛伊德的精神分析理论告诉我们，人的任何行为都是有原因的。那么学生课堂行为的表现背后都有哪些原因呢？

其实，以上两种情况，都与青春期孩子的逆反心理有关。这时期的孩子，身心都处于不稳定的时期，他们渴望自由，但又不得不面临那些繁琐的学习压力，他们便产生一种矛盾心理，出现学习效率低下甚至厌学的情况，但即使如此，他们还是不得不面临课堂学习，于是，他们就会将逆反的矛头

转向老师，出现上课注意力不集中、故意和老师作对等情况。

那么，父母该如何协助老师做好孩子的心理疏导工作呢？

**心理支招：**

1. 老师要调整教育方法

学生犯错误，老师一般会采取当众批评、叫家长的方式来处罚他。这种方法只会加剧孩子的逆反心理，甚至产生厌学情绪。

一些家长建议老师寻找新的、更适合学生特点的解决方法，给予孩子更多的理解与支持，与其建立良好的沟通。

在教学方法上，建议老师让孩子多进行一些自主性学习。目前，课堂教学正发生着“静悄悄的革命”，不论是“自主学习”、“合作学习”、“探究学习”，还是“洋思经验”中的先学后教，当堂训练的课堂教学模式等，都在努力探索体现新的教学理念，而这一切又都需要老师帮助学生在课堂学习中保持愉快的心境。

2. 不要给孩子过大的学习压力

父母过分地看重学习成绩，对孩子是一种无形的压力。很多孩子都有这样的感受，当他们学习成绩下降，父母常常是老账新账一起算，把孩子学习成绩下降归结到玩的太多、不认真等，甚至骂孩子“蠢”、“笨”等，这只能导致孩子的对抗情绪。在课堂上，他们没有学习的动力，逆反心理会加剧他们不认真听讲。

总之，作为父母，不要认为孩子在学校就可以放任自流，让老师管教等。每位父母都必须做孩子情感的依靠，理解孩子，让孩子产生情感认知。

## 父母认可的事物，孩子为何嗤之以鼻

**家长的烦恼：**

为了庆祝儿子期中考试进入前五名，杨太太和丈夫早早地下班，做了一桌子的菜。

饭桌上，杨太太一脸笑意，夸奖儿子学习努力。

“你们班这次考第一的还是刘晓？”杨太太顺口问。

“嗯。”儿子很冷淡地回答。

“刘晓这孩子从小就聪明，平时也很有礼貌，见到我们都很积极地打招呼，以后肯定是上重点大学的料。”杨太太说。

“得了吧，就他？整个就会‘装’，我们班同学都很讨厌他，马屁精，也就老师喜欢他。”听到杨太太的话，儿子很气愤地辩驳道。

“那他总归是第一名啊。”

“第一名又怎么样，没人稀罕……”说到这儿，儿子更气愤了。最后，他放下碗留下一句：“我去看电视了，你们慢慢吃。”这一举动让杨太太感到很是奇怪。

为什么杨太太夸奖别的孩子，他的儿子嗤之以鼻呢？其实，这是青春期逆反心理的表现。我们多次讲到：青春期孩子独立意识开始慢慢增强，并有了自己的想法，此时，他们更希望父母以及周围的人把自己当成成人来看，但在父母眼里他们依然是孩子。为了让父母改变对自己的看法，他们会以唱反调来显示自己。事例中杨太太并夸奖其他孩子，那儿子就觉得自己不

如那位同学，引起了他的不满，使得其乐融融的气氛变得僵硬起来。

很多父母都感叹，为什么孩子到了初中之后和我们的话越来越少、人越来越"叛逆"，甚至父母说什么，他们总是不屑一顾、嗤之以鼻？他们的价值观有问题吗？其实并不是，青春期的孩子是一个渴望脱离父母庇佑的群体，他们并不能完全独立生存，不能独立面临生存的压力、学习上的困扰等，此时，他们只能"空喊口号"，在"行为语言上"反抗父母，于是，和父母唱反调就成了他们宣告独立的重要方式。

显然，孩子的这一态度无疑给亲子关系带来障碍，让很多父母无法适从。那该怎样解决这个问题？

1. 进入孩子的世界，让孩子慢慢喜欢你

有位母亲谈自己的教育经验：儿子喜欢什么，我就去学什么。

"儿子初三的时候，已经长到180厘米，酷爱打篮球，可我对篮球一窍不通。为了和儿子有共同语言，我去看书、查资料，了解美职篮、乔丹、科比、姚明……周末有球赛的时候，我主动跟儿子说：'晚上有NBA的比赛，我们一起看。'儿子当时特别兴奋。他觉得妈妈很了解他的爱好，妈妈很'潮'，跟别的家长不一样。"

"儿子对自己认可了，也就乐意跟我聊天，有关学习和生活的提醒，他也能听进去。说实话，这个年龄阶段的孩子很要面子，家长一定要把他们当成大人看待。有一次我在路上遇到了儿子的同学，便很真诚地跟对方说：'很高兴，儿子有你这么要好的同学，欢迎你经常到我家玩。'事后，儿子知道了很高兴，他觉得我很尊重他的同学，让他很有面子。"

2. 如果孩子不赞同你的意见，应了解其中的原因

很多父母一听到孩子反对自己的观点，不问青红皂白，加以斥责，长此以往，孩子自然会疏远你，而如果你给孩子辩驳和阐述理由的机会："这件事，爸

爸想听听你的看法……”认真倾听孩子的意见，才能了解孩子的真实想法。

3. 父母要学会跟孩子交朋友

青春期的孩子特别渴望交朋友，父母要是和自己的孩子交了朋友，那就不会为怎么跟孩子交流而烦恼。当然，父母一定要放下架子，主动去和孩子交流。比如，针对上网的问题，我们不能盲目反对，孩子在上网时，也会学到知识，有收获。经常询问孩子在上网时喜欢哪些方面，那你就去了解一些这方面的知识，找到共同语言。如果你的孩子爱玩游戏，那在休息时间，试着跟孩子一起玩玩，挑一些竞技类和娱乐类的，娱乐的同时，培养孩子的竞争意识，让孩子更加喜欢你。

## 抽烟——让我觉得很潇洒

**家长的烦恼：**

陈先生的儿子叫小亮，今年15岁，但却学会抽烟了。

“第一次发现他抽烟，是半年前的事，我买了一包烟，还没抽几根，就没有了。后来，我在小亮的房间发现了烟头，才知道这孩子偷偷开始抽烟了。后来，我给他零花钱，他总说不够花。有一天，我下班很早，专程去学校接他放学，却看到他和几个同龄的小伙子躲在墙角抽烟，我当时真是火冒三丈，生气地把他带回家，好好教训了一番，可是作用不大，他竟反驳道：‘你要是能把烟戒了，我也戒。’”

的确，很多青春期的孩子尤其是男孩子，把会抽烟作为成熟的标志，抽烟的时候，他们觉得自己就如同大人一样，很放松，时间一长，便染上烟瘾，

青春期的他们身体发育尚未成熟，过早地抽烟，对身体发育有害无益，也严重地影响学习进步，应该及时教育纠正。很多父母都意识到这一问题，但往往屡禁不止，着实伤神。

青春期的孩子抽烟有多方面原因：

首先，情绪不稳定，身体、学习、生活带来的种种压力很容易导致心理平衡、情绪出现大的波动。这时如果没有合适的解决办法，吸烟便成了他们解闷、发泄的最好途径。

其次，青春期的孩子把抽烟当成是“吃得开”的标志。人们有个习惯，“递烟是见面礼”。现在这个“见面礼”已经进化为“递烟是递名片的跟进措施”。这种风气像瘟疫一样在校园内传播。

孩子染上抽烟喝酒的恶习，要从说服教育人手，单纯地禁止往往收不到良好的效果。

**心理支招：**

1. 对孩子进行正面教育，讲明吸烟的危害。

青春期的孩子对于周围的事物已经有了一定的认识，对他们进行说理教育，大多数都能认识到吸烟的害处，自觉地克服抽烟的坏毛病。

抽烟对青春期孩子的危害有：

(1)香烟中含有很多有害于身体健康的物质，尤其是尼古丁。而青春期的孩子身体正处于发育期，身体器官还没发育完全，支气管还比较直，抽烟时，烟雾微粒和有害物质很容易直达支气管和肺泡。抽烟对青少年的危害比成人更大。

(2)青少年吸烟，会降低大脑的活力，影响记忆力和学习能力。

(3)吸烟容易让青少年结识社会上的坏人而走上违法犯罪的道路。

2. 要切断使孩子染上吸烟坏习惯的污染源。主要从三个方面着手：

(1)父母以身作则，给孩子树立榜样，不吸烟或戒烟，积极为孩子营造一个“无烟环境”。

(2)家长应密切关注孩子的社会关系，防止他们和社会上吸烟伙伴的经常来往。

(3)与学校领导、老师配合，经常查询孩子是否有吸烟迹象，实行共同监督。

3. 培养孩子戒烟的心理要求。

孩子学会抽烟以后，家长不能训斥、挖苦，更不能打骂，要教育孩子树立正确的认识，从思想上认识抽烟的危害，产生戒烟的动机，才是帮助孩子戒烟的良方。

4. 教育孩子集中精力学习，是纠正吸烟坏习惯的治本措施。

孩子吸烟容易上瘾，严重的将影响学习。为此，家长一定要加以引导，激发孩子学习的兴趣，关心孩子的学习情况，对孩子学习上遇到的难处给以指导，鼓励孩子的每一点进步，使孩子将主要精力和活动时间用在学习上。这将有助于他们戒掉吸烟恶习。

## “坏孩子”活得才自由快乐

**家长的烦恼：**

儿子刘明因盗窃被公安局拘留。

其实，刘先生的家境很不错，生活条件也很好，儿子刘明也不缺零花钱，

那刘明为什么偷盗呢?

有一次,刘明到好朋友方伟家去玩,看见方伟有一架很逼真的玩具望远镜。刘明想知道这架望远镜究竟能看多远,就向方伟请求借来玩玩,没想到方伟很小气,不答应。刘明很生气,就偷走望远镜,让方伟着着急。果然,找不到望远镜的方伟像热锅上的蚂蚁,刘明心中暗暗得意。

从那次之后,刘明就产生了一种很奇怪的心理,觉得做坏孩子,偷别人的东西,能获得一种快感,班上很多同学的文具都被他偷过。这次在逛超市时,因控制不住自己,从货架上拿了一些物品,准备把它们放在不易被发现的地方偷回家,被超市老板抓住,送到了公安局。

如刘明这样的孩子并不多,却很有代表性。他们偷窃并没有明显的目的,有的是为了给别人造成困难而获得快感,有的把窃得的东西扔掉、损毁或随便送人。

除了盗窃之外,一些青春期孩子还会做点不构成违法犯罪的“坏事”,比如,不听父母话、谈恋爱,打架等,在他们看来,似乎听父母、老师的话、做乖孩子是一种没长大、被鄙视的行为。很多孩子羡慕那些故意和老师作对、欺负低年级孩子的同学,认为这样的同学更容易得到周围人的尊重和认可,这种行为被争相效仿。父母和老师若不对孩子的行为加以引导和控制,势必会对孩子的成长产生恶劣影响。

近年来,各类媒体报道经常出现一幕幕以青少年为主角的悲剧:轻则殴打教师让教师下跪,重则砍杀父母、自虐自杀……一宗宗骇人惊闻的报道,让我们触目惊心、入耳心寒。处于青春期的他们,应该是父母、祖国的未来,何以会出现上述令人匪夷所思的行为呢? 这个问题应该引起越来越多人的深思。

步入青春期的孩子,精力充沛,思维敏捷,记忆力强,情感丰富,但由于

青少年时期是身心健康趋于定型的时期，是走向成年的过渡阶段，亦是性意识萌发和发展的时期，他们的心理发展和生理发育往往不同步，具有半成熟、半幼稚、叛逆等特点。因而，在他们心理素质发展的关键阶段，应当引起父母者的重视，对不良行为的孩子既不能生硬批评，引发他们的叛逆情绪，也不能任其发展，让他们走入歧途。

**心理支招：**

1. 正面教育

孩子做了“坏事”，并不代表孩子是“坏孩子”，更不能给孩子贴标签，但是决不能放任不管。我们首先要帮助孩子将事情的影响化到最小。有的家长认为只有“打”才是改正“偷窃”行为的最好对策。其实错了，打过之后、疏远了父母与孩子之间的感情，他会感到更孤独，得不到家庭的温暖，甚至不敢回家，流浪在外，与社会上的浪子交往，被他们所利用，最后走入歧途，甚至会触犯法律受到制裁。

2. 细心观察，防患于未然

日常生活中，我们一定要随时观察孩子的思想动向，如果孩子的零花钱突然多了，孩子的脸上出现了一些瘀伤等，我们一定要引起重视，因为这意味着你的孩子可能打架或者偷东西了。然后，我们要仔细排查可能出现的情况，不管运用什么方法，其目的只有一个：动之以情，使他自己露出破绽，承认错误，但不能伤害他们的自尊心，如果事态的发展允许对他们的错误行为进行保密，那么，一定要坚守诺言。否则就失去了再一次教育他们的机会，他们再也不会相信你。

3. 培养是非观念，增强是非感

虽然青春期的孩子已经有了是非观念，但极其容易受到影响甚至改变，

因此，作为父母一定要经常对孩子进行一些是非观念的教育。必须让孩子了解不良行为是法律和社会不允许的，同样的错误不能再次发生。对这类孩子进行矫治，必须先从帮助他们形成正确的是非观念，增强是非感开始。从他们现有的实际认识水平出发，逐步提高，通过反复教育，培养孩子的是非观，增强改邪归正决心。

## 父母的想法土得掉渣了

**家长的烦恼：**

一位初上网的母亲向网友求助如何和女儿沟通，她这样说："女儿上初中后话是越来越少，一到休息天就守在电脑前跟同学聊天、逛贴吧、看论坛。自己偶尔凑上去看他们聊的什么，结果竟然看不懂，都是什么'有木有'、'很稀饭'之类的词，问女儿是什么意思，女儿'切'了一声，很不屑的样子。"

"后来我到网上搜索才知道，现在网络上流行许多新词。什么咆哮体、蜜糖体、淘宝体，我自己看得头都晕了。"

"前段时间女儿又改了个状态，写了句'金寿限无乌龟少'，我更是看不懂。问女儿，女儿居然说我老土，这都不知道，后来，我自己上百度搜了搜，才知道，这原来是前段时间热播的一部韩剧里的台词。哎，这个年龄段的孩子，是太前卫了？还是我们真的太土了？"

而这位网友也感慨：现在跟女儿的话题真是越来越少了。平时女儿放学回家，他总是会问女儿想吃什么，女儿的回答常常是"就知道问这个，随便"。考试完问女儿成绩怎么样，女儿的回答就是"就会问成绩，烦不烦"。

给女儿买了新衣服，女儿的回答就是“就会买这样的，俗不俗”……

孩子进入青春期后，父母是不是发现孩子不再像以前一样听话了，不再认为我们说得都是对的，是不是经常对我们说：“俗！”“土得掉渣！”“out了。”从孩子的口中，你是不是会听到：“我们同学都是这样说的。”“人家都是这样穿衣服的。”“什么都不懂，懒得跟你说。”“你不明白的。”……

这些语言和行为其实都表示，你的孩子已经进入青春期了，开始有了自己的思想，已经有了摆脱依赖父母的想法。心理学家发现：孩子在10岁之前是对父母的崇拜期，20岁之前是对父母的轻视期，30岁之前是对父母的理解期，40岁之前是对父母的深爱期，直到50岁才真正了解自己的父母。而10岁到20岁之间是代际冲突最为激烈的时期。有人说：“12～17岁这个年龄段的孩子可以让父母衰老20岁！”这句话的意思是，这一时期的孩子是最让父母担忧，最不省心的。很多这个年龄段的孩子，为了证明自己已经长大，证明自己思想的成熟，都开始质疑父母，认为父母的想法老土、观念跟不上时代等。认识上的差异会加剧父母与孩子之间沟通的难度。

**心理支招：**

1. 和孩子一起探讨时尚与流行性问题

你的孩子是不是对某一明星格外喜欢？你的孩子是不是特别专注某一支球队？你的孩子是不是特别喜欢某种运动？那么，从现在起，你就要把自己从厨房和书房中解放出来，去主动学习、了解这些知识，和孩子有了共同话题，你还担心孩子认为你“土”吗？

2. 家庭教育也要与时俱进

很多家长认为，只要给孩子足够的物质满足，才是给孩子一个更好的生活，其实家长恰恰忽略了孩子最需要的东西。孩子们最需要的不是玩具和

零食，而是亲密感情的表现形式，比如你了解他的思想，理解他，认同他，给他一个鼓励的拥抱等。你的孩子已经进入青春期了，已经有了自己的爱好、思想等，家长应予以正确的引导和鼓励，不能以一成不变、简单粗暴干涉的方式来约束孩子，应该突破传统教育的固定模式，家庭教育也需要与时俱进。父母应该在平时多留意社会的发展和孩子的想法，注意与孩子沟通，在了解孩子的想法后也多向老师求教，双方配合合理引导，共同促进孩子的健康成长。

3. 让孩子安排与父母独处的时间

很多父母感叹："虽然放暑假了，儿子跟我之间每天的交流时间竟不到半个小时！""女儿每天除了上辅导班就是自己上网跟同学聊天、打电话，根本不理睬父母，说多了还嫌烦！"

其实，既然你的孩子觉得你"土"，那么，你不妨请教他："这个周末由你来安排，不过前提是，你要带上爸妈……"如果你的孩子答应了，那么，就表明他已经允许你进入他的世界。

因此，针对孩子认为父母"土"，不愿与父母沟通的问题，最好的方法是蹲下身来，和孩子建立一种平等的朋友关系，让孩子的快乐也是你的快乐，孩子的烦恼也是你的烦恼，用你的经验指导孩子，建立起真正的亲密关系，让孩子的世界真正接纳你。

# 第3章

## 青春期的性情易变化，引导孩子成为阳光少年

青春期的孩子正处于人生的岔路口，他们有着敏感的神经，这种敏感存在于他们周围的每一个角落，他们可能动不动就发脾气、焦躁不安、伤心等，此时，父母决不能用暴力语言去激化矛盾，而应该扮演“消防员”，放下架子，主动和孩子聊天，了解他们的心理状况，如果发现问题，最好以建议的方式引导他们，通过关爱给予孩子稳定感，帮助孩子缓解青春期的种种情绪！

## 不堪压力，性情变得烦躁

**家长的烦恼：**

近日，家住广州的王女士带着女儿来北京某著名心理诊所就诊，女儿小樱在广州某区重点中学读初三，学习成绩一直名列班级前茅，这让学校老师和父母感到很欣慰，但随着中考的临近，小樱的情绪发生了很大的波动，心情紧张、抑郁，莫名的烦躁令她经常发脾气，甚至产生了厌学的念头。小樱的身体也出现了一些异常，她感到无精打采，周身乏力，小腹坠痛，月经紊乱。小樱的这些奇怪的症状让王女士意识到问题的严重性，千里迢迢来求助心理医生。

心理医生说，性情烦躁、动辄发脾气是因为压力大无处宣泄，实际生活中，像小樱的情况在青春期的孩子中很常见。孩子到了青春期，除了要承受身体发育带来的烦恼外，还必须面临残酷的升学竞争，而家长对孩子往往寄予厚望，无形中给了孩子很大的压力，容易造成孩子身心负担过重，继而产生厌学情绪；加之有的学校为了提高学生成绩，孩子每天的学习时间长达十几个小时，正常的饮食、休息得不到保障，久而久之易造成孩子营养缺乏，过于疲惫，精神萎靡，体内正常的生物规律被打乱，导使内分泌失调，继而出现烦躁不安、月经失调等一系列症状。因此，心理医生建议，家长应根据孩子具体情况，科学合理地安排孩子一日生活的作息时间，以一颗平常心看待成绩。

平时我们在和孩子交流、沟通的时候，一定要了解孩子烦躁的原因，接

纳孩子的情绪，确定恰当的引导、教育方法，帮助孩子正确认识认知、信念在情绪产生中的决定性作用，使孩子树立主宰自我情绪、摆脱情绪困扰的信心。总之，帮助孩子缓解学习压力，既要治标，也要治本。

**心理支招：**

1. 转变教育观念与思想，消除孩子学习上的“压力源”

要破除“成功唯有上大学一条路”的思想，认真思考孩子的兴趣爱好，和孩子一起精心设计他的成材之路，对于存在学习障碍的孩子，要在科学分析的基础上敢于另辟蹊径。

2. 教会孩子化解心理压力

哭泣法：内心郁闷时，想哭就哭。曾有个关于哭泣的心理学实验，在被测试者中，有87%血压正常的人称，自己偶尔哭泣过；而那些血压偏高或者是高血压患者则称自己从不哭泣。实验证明，哭泣是一种有效宣泄内心不良情绪的好方法。

心理暗示法：比如，你可以告诉孩子在面临巨大心理压力时这样想象，“天气很好，我和爸爸妈妈躺在公园的草坪上”，“湖面很平静，岸边的柳树随风摇曳着它的身姿”等，都可以在短时间内放松、休息，恢复精力。

分解法：让孩子把在生活中遇到的各种压力与困难都写出来，并把它们编号，当全部写出来的时候，就会发现，只要一个个解决，其实也没什么大不了的事。

3. 要下大气力解决孩子的学习动机问题

学习动机是孩子学习的根本动力，只有随着年龄的增长，不断地认识到学习目的中社会性意义的内容，孩子的学习才会有持久的动力。

一些家长爱用“将来没饭吃”、“不读书一辈子干苦力”等话数落孩子，既

没有给孩子讲道理，又没有直接激发孩子的具体实例，往往不起任何作用。

其实，兴趣才是最好的老师，孩子的学习也是如此，只有让孩子真的爱上学习，他们才能化压力为动力，因此家长要注意经常鼓励孩子，激发他的兴趣，潜移默化地向他灌输社会性理想，帮助他将目光投向社会、世界和未来。

4. 家长要特别重视孩子良好的学习习惯的养成

学习压力大的问题大多出现在那些学习困难、成绩不理想的孩子身上，但这不是因为孩子的智力问题，而是没有养成良好的学习习惯，例如上课不认真听讲、注意力不集中、缺乏耐力和持久性、做事敷衍了事等。

因此，我们要注意从小培养孩子良好的心理素质，用日常生活、游戏、习作等方式有意识地训练孩子的注意力、认真态度、较长时间专注一件事的习惯和严谨的为人处世态度。

5. 切实帮助孩子解决学习上的问题

很多父母关心孩子的学习情况，只是把眼光放在孩子的成绩上，而没有认识到孩子有时候也需要家长在学习上的辅导与帮助，有的孩子因为某一个问题没弄明白，一步没跟上则步步跟不上，渐渐失去了学习的信心和兴趣。所以家长要真正关心孩子，就要注意他是否跟得上学习进度。有条件的时候每周都要和孩子一起总结一次，发现哪里出现了问题就要及时补上，有的时候，还要请老师给以专题辅导。孩子在学习上的困难得以解决，学习兴趣必然能够得到提高。

而对于学习压力过大，已经明显表现出病态心理和行为的孩子，要积极求教于心理咨询和治疗机构，在专业人员的指导下对孩子予以科学的辅导，逐步帮助孩子及时得到积极矫治。

缓解孩子的学习压力是个社会性问题，需要全社会的共同努力，但是做

家长的负有最直接的责任。为了孩子的健康成长，每一个家长都要格外精心和努力。

## 内心承受力差，易被激怒

**家长的烦恼：**

一天，欧太太正上着班，就被儿子老师的一个电话叫到学校，原来是儿子在学校闯祸了，可是令她不解的是，儿子一直很乖，连和人大声说句话都不敢，怎么会闯祸呢？

原来是班上有些男生挑事，说欧太太的儿子小强是“胆小鬼”。老师告诉欧太太，班上传言，小强喜欢某个女生，但一直不敢说，这些男生知道后，就拿这件事嘲笑小强。而小强则因为这件事很生气，于是大打出手，体型高大的他把这几个男生都打得鼻青脸肿。

“我的孩子怎么了？”欧太太很是不解。

一向乖巧的小强怎么突然被激怒而向同学大打出手？日常生活中，如果我们被人叫作“胆小鬼”，兴许我们会生气，但绝不会情绪激动而做出一些伤人害己的事。小强的问题是与青春期孩子的情绪特点有关：

一是情绪变化迅速。这时期的孩子很不稳定，情绪来得快、去得也快。

二是情绪活动明显呈现两极性。很容易由一个面转换到另一个面，甚至由一个极端走向另一个极端。

三是情绪反应强烈。情绪冲动时，理智控制作用减弱，很容易做出不计后果的过激行为。

心理承受能力关系到一个青春期孩子的成长状况，心理承受力强的孩子，情绪稳定，意志顽强，积极进取，敢于冒险，乐于尝试新鲜陌生的领域，面对挫折和变化也能保持乐观态度，百折不挠，愈战愈勇。而心理承受力弱的孩子，会表现得退缩、耐性差、懦弱、焦虑和自卑，面对困难缺乏坚持，面对自己不熟悉不擅长的学科，他宁可不做，因为不做就不会输。北京大学儿童青少年卫生研究所最新公布的《中学生自杀现象调查分析报告》显示：中学生5个人中就有一个人曾经考虑过自杀，占样本总数的20.4%，而为自杀做过计划的占6.5%。其根源都与心理承受力有关。

我们的孩子将来会生活在一个纷繁变化的社会，他们将会面对职场的激烈竞争，复杂的人际关系，也免不了一生中遭遇情场失意，事业困境，生意败北……他们的心理承受能力，直接关系到他们的人生是否幸福。

因此，帮助青春期孩子疏导情绪，强化孩子的心理承受能力，是父母给予孩子受益一生的珍贵礼物。

**心理支招：**

1. 停止对孩子不切实际的期望

无论何时，父母都是孩子的天，如果孩子感受到自己让父母失望，那么，这就是毁灭性的心理打击。

因此，作为父母，无论你的孩子学习成绩如何，是否有特长，你都要调整好心态，为孩子的成长与进步而高兴、骄傲。我们要做“纵向比较”，比如，如果孩子这次的学习测验成绩比上次好，你就要奖励孩子，鼓励孩子。拿自己的孩子和其他孩子做横向比较的方法是要不得的。

2. 让孩子有一个畅通的情绪宣泄渠道

青春期的孩子是脆弱的、敏感的、容易受伤的，即使是男孩，他们也会悲

伤沮丧。此时，你要让孩子尽情宣泄，让他哭个涕泪滂沱，而不能说孩子“别哭别哭”，“男孩子不能哭”这样的话。告诉孩子：“我知道你很难过。”或者什么都别说，给孩子独处的空间和时间去消化自己的情绪。

3.“事件”结束后，帮助孩子正确梳理情绪

等“事件”结束，心情基本平定后，再帮助孩子做自我反省，就能较理性，客观地看待分析。

总之，青春期是孩子们心理波动较强的时期，在这个期间，孩子的心理承受能力比较差，一些小事都可能引起他们的过激情绪和行为。我们平时管教孩子时，要多注意他们的心理健康教育，帮助孩子认识自己的情绪、管理自己的情绪，让其保持稳定的心境！

## 对未来的茫然，让孩子焦躁不安

**家长的烦恼：**

张女士的女儿阳阳最近总是失眠，晚上熬到三点多才能勉强睡去，可是，一会儿又会自己醒来，上课的时候，注意力不集中，老师讲的内容听不进去，大脑一片空空。回到家，她会心情非常烦躁，紧张不安，感觉无聊，脑子始终昏沉沉的。无奈之下，张女士带着女儿去看心理医生。

经过心理医生了解，原来阳阳这种焦躁不安的心理来源于她对未来的茫然。张女士出生于一个书香世家，对女儿管教比较严格，阳阳将父母的苛求逐渐转化成对自己的标准，她暗暗地想“只有自己表现得尽善尽美了，有了光明的前程，父母才会满意，我才会拥有他们对自己的爱”。所以阳阳始

终不敢放松，努力追求完美的目标。但在最近的几次阶段性考试中，阳阳考得并不好，这让阳阳很担心，自己的成绩会不会一直这样下降下去？紧张与不安让阳阳变得压抑、敏感，并开始失眠。

阳阳的情况并不是个案，很多青春期的孩子都遇到过，而作为父母的我们也为此担心。青春期对于任何一个孩子来说，既是快乐的，又是艰难的，快乐在于他们终于长大了，而同时，他们又不得不面临很多问题。

处于这个阶段的孩子，已经站在了孩提时代与未来生活的交接处，自我意识的增强，已经让他们认识到很多成人必须面临的问题，其中重要的两项：①人际交往方面变得成熟；②找到未来事业的方向。青春期的孩子认识到，他们的身份已经不再仅仅是父母的孩子、老师的学生，他们还需要找到自我，对自我进行定位，即搞清楚“我是谁？”“我以后要成为谁，我要做什么”，这个任务从青春期开始，但完成阶段却是在整个青少年时期才能完成的任务。期间，很多关于自己的、学校的、家庭的甚至社会的信息都向自己纷至沓来，需要孩子们经过不断地思考，最后确定自己的生活目标。

德国心理学家斯普兰格说：“没有谁比青年人从他们孤独小房里，更加用憧憬的目光眺望窗外世界了，没有谁比青年在深沉的寂寞中更加渴望接触和理解外部世界了。”青春期的孩子渴望和外界接触，渴望交朋友，但他们同时也明白，青春期是每个人长大成年人的关键一步，一步没走好，这辈子都是遗憾。因此，他们要努力学习，不让父母失望，他们经常思索，学习是为了什么？学习好就一定能生活幸福吗？……当面对众多问题理不出头绪的时候，他们变得不安了、焦躁了……

**心理支招：**

1. 鼓励孩子为未来筹划，让其摆脱悲观的想法

青春期的孩子总是爱幻想，幻想自己有一天成为电影明星、考古学家等，即使那些学习成绩较差的孩子，他们也有很多想法。然而，青春期的梦想一般都是断断续续的，随着信息的更换，他们的梦想也会随之更改。作为父母，如果孩子和你谈及他的梦想，你不可阻止。要充满信任和希望，一步一步地推动这个过程，鼓励孩子制定未来的计划。当孩子和你分享他的计划时，你要耐心地倾听，表示出支持的态度，巧妙地引导孩子做符合现实的、与他的智力和热情最为合适的决定。

2. 让孩子开始承担部分家庭责任

对于大多数孩子而言，当他们开始上中学时，就已经意识到他们有一天必须踏入社会，去求学或者去工作，还要单独组建家庭。无论怎样，他们都必须像父母一样承担家庭责任和社会责任。对于一直生活在父母保护下的他们此时便产生了一种恐惧——我要独自生活了，我将面临很大的生活压力。如果在日常生活中，我们主动让孩子承担一些家庭的责任，比如，让孩子管理家庭日常开销或者让其做些家务等，就会增强孩子的自理生活能力，消除了对未来的不安和恐惧感。

3. 帮助孩子制定计划

父母都希望孩子有一个理想、满意的未来，都望子成龙，望女成凤，此时，你就需要遵循以下指导原则为孩子制定计划：

帮助孩子制定未来的计划但不能决定孩子的未来；

孩子现在上中学，没必要做出职业选择；

即使孩子认为自己考不上大学，也应该引导他严肃地对待中学的学习和生活；

的确，青春期是一个可以谋划和设想未来的时期，是为孩子将来离开家庭，开始独自生活做好准备的时期。父母应该慎重地对待：让孩子自己做决定，放弃家长的权威，帮助孩子对未来做出一些规划，让其坦然面对现在！

## 老师的管教引来孩子的发泄

**家长的烦恼：**

陈先生五年前离婚了，那时候女儿小玲才8岁，转眼女儿已经上初二了。都说单亲家庭的孩子难管教，陈先生现在已经体会到了。小玲在学习中严重偏科，语文和英语两门功课都能考到高分，经常得第一名，但对数学却一窍不通。小玲懂得："学好数理化，走遍天下都不怕的内涵"但就是对数学不感兴趣。陈先生通过了解才知道，小玲不爱学数学的原因是不喜欢数学老师。

学生大多数都被老师管教过，原因不外乎上课不听课、打架、考试成绩差等，但青春期的孩子，一般都不服老师的管教，为什么？

1.逆反心理

青春期到来之后，随着生理上的变化，孩子们的心理也会产生强烈的冲击。自我意识的增强，开始让他们逐渐认识到一个不同于儿童时代的"我"。他们会发现，原来自己是父母、老师的"附属品"，甚至连他们的个性似乎也是父母长辈们早就的。认识到这一点以后，他们开始渴望与原先的我、与对父母的依赖决裂，他们要求独立、自主，寻求真正的自我。因此，老师管教他们，他们就会觉得是束缚"我"了，于是，急于发泄自己。

2. 老师“不恰当”的管教

这里的“不恰当”，可能是一般指的是老师对学生的误解，比如，误认为孩子偷东西了，或者片面地认为孩子是挑起打架事端的一方。

另外，很多中学老师还沿用小学时候的“保姆式”的管教方式，青春期的孩子渴望独立，很容易对老师的这种教育方法产生反感情绪。

3. 繁重的课业负担

青春期的孩子多数都进入中学，学习强度要远远大于小学。课程增加、科目众多、难度增大、课时加长、作业增多，如果跟不上这种强度的变化，也会让孩子对老师产生逆反心理，不服老师的管教。

学习是孩子生活中最主要、最重要的内容。如果孩子不服老师的管教，甚至出现一些负面情绪，很可能会导致对学习产生厌烦情绪，甚至厌学等，因此，我们一定要做好孩子的心理疏导工作。

**心理支招：**

1. 保持平静，即使孩子已经燃起怒火

青春期孩子易激动、脾气坏，看到孩子把坏情绪带到家中，家长要给其发泄的机会，不应该硬性压制。要避免争吵，争吵只会激化矛盾。

2. 创造安慰的家庭气氛

孩子觉得被老师管教和惩罚是件很丢人、伤心的事，家长要想方设法地安慰他，营造安慰的家庭氛围，让孩子感受家庭的温暖。你可以轻轻地问问孩子：“看得出来，今天你受委屈了，能跟妈妈说说吗？”这句话，会让你的孩子感受到你的关心和理解。

3. 和老师取得联系，弄清事情原委

如果孩子犯得错误是做作业不认真或者上课开小差等，该批评的还是

要批评；而如果孩子违纪或者做出一些性质比较恶劣的事，就需要你引起注意，密切观察孩子的举动，以防孩子走上歧途。

总之，对于青春期孩子，生活中的一点一滴都可能触动他们敏感的神经，家长一定要对孩子多加关心，及时帮助孩子疏导那些不良情绪！

## 攀比心理让孩子心浮气躁

**家长的烦恼：**

案例一：

邱先生有一个幸福的家，女儿苗苗出生后，妻子辞去工作，专门带孩子。虽然家里条件一般，但妻子总是尽力满足女儿的要求，将女儿打扮得像小公主似的，邻居阿姨也常常夸苗苗漂亮、乖巧。上学以后，苗苗是一个品学兼优的孩子。可是上初中后的一天，邱先生看见苗苗和小区里几个同龄孩子在一起聊天，都说着自己去哪里玩过，苗苗突然夸海口道："我爸爸带我去日本旅游了，我看到好多没见过的鱼……可好玩了。"邱先生吃了一惊，我们从来没去过日本，这孩子怎么撒谎呢？

案例二：

"爸爸，以后你接我放学时将车停远点，我自己走过去就可以了，你那辆车，早都过时了，同学们看见了会笑话的。"听到11岁的儿子说这样的话，王先生气得真想给儿子一个耳光，可他还是忍住了。"真的很心痛，儿子竟然嫌弃我的车不好，觉得丢人。"王先生决定以后不再接送儿子，让他自己坐公交车上学。

有专家表示，青春期的孩子都有比较心理，也就容易产生虚荣心，这是孩子心理发育过程中的正常现象，引导好了，可以转化为进取心，帮助孩子积极进取。如果不加重视，任其发展，孩子心浮气躁，很难脚踏实地，长大后很可能喜欢弄虚作假，沽名钓誉。

处于青春期的孩子，在知识经验的不断积累中，世界观、价值观开始建立，对许多事情已经有了自己的见解，在与同龄人交往的过程中，喜欢做第一，喜欢领头，希望得到大家的认同和喜欢，自然也就产生了与周围人比较的心理，此外，"爱面子"是中国人普遍存在的一种心理，这些都会影响着孩子成长。

孩子有问题也有家长的原因，有的家长常常会无意识地在孩子面前显露虚荣言行，比如，拜金主义，一切用钱摆平；与地位高的人交朋友，看不起普通人等，这些都会潜移默化地影响孩子。

通常来说，孩子们会通过以下几种方式来显示自己：

1. 比物质，比外在条件

这一点，往往在那些学习成绩较差的孩子身上体现的更为明显。学习上比不过别人，他们就比物质、比外在条件。

"我的孩子自上初中后，除了学校规定的校服外，他穿的几乎全是名牌，买普通的衣服，他根本看不上，还说同学之间有比较，太寒酸会被人家笑话。"一位母亲向学校老师诉苦：她和老公经营着一家小公司，平时管理孩子的时间少，每周都会给他100元零花钱，包括吃饭在内，可儿子每周都会透支，还要求多给点。她仔细观察，原来儿子很"好客"，常请同学吃东西。"前段时间，他又看中了一款新手机，想让我买给他，我没答应，他就跟我生闷气。"母亲说，我常常教育孩子不要铺张浪费，儿子不听，还说："我就喜欢名牌"，这让她很头疼。

2. 比学习

孩子在学习上有竞争意识固然很好，但如果把成败看得太重，那么，就很容易走上为了成功不择手段的道路。

一般来说，学生间争强好胜，相互之间攀比心强，对成绩的好坏很看重。现在大多是独生子女，以自我为中心，往往不能平等对待同学之间的各种竞争，一旦在自认为强项的方面出现有超出自己的同学，就会心理不平衡。为防止别的同学超过，天天争分夺秒地学习。由于长期处于紧张状态，时时害怕别人超过自己，反而在学习时思想不能集中，不能坚持正常学习。

那么，作为家长，该如何帮助孩子正确看待竞争呢？

**心理支招：**

1. 家长应该告诉孩子，一个人只有通过劳动努力获得的东西，才是值得人尊重的，而名牌并不是较高地位的象征，只是表明消费水平高而已。

2. 创造一些家务劳动的机会，让孩子自己挣钱购买所需要的物品。

3. 家长要摆正心态，不盲目追求物质享受，给孩子做出榜样。

4. 教育孩子根据自己的需要买东西，不应盲目地攀比，让孩子学会理性消费，学会理财。

5. 引导孩子正确看待得失、成败。要让孩子明白，学习好并不代表一个人就是成功的。好孩子应该在德、智、体、美、劳各个方面全面发展，只要努力，结果并不重要，要看重过程，看淡结果。

6. 对于孩子的无理要求，一定要坚决拒绝，不能妥协让步。

7. 有时间的话，带孩子去福利院或者社区的贫困人家走动走动，在帮助别人的同时建立起正确的价值观。

## 自卑的孩子脾气往往不好

**家长的烦恼：**

王女士心宽体胖，自信、开朗、人际关系很好，大家都愿意和她来往。

有一天下班后，她来学校接女儿，看到一群男生在讥笑讽刺女儿：

“小胖妹，又矮又胖，将来嫁不出去咯。”

“这么胖，还穿紧身衬衫，我都看到你肚子上的救生圈了。”

“龙生龙，凤生凤，老鼠的儿子会打洞，好像你妈也是胖子吧。”

……听到这话，王女士的女儿真的生气了，她捡起地上的木棍，扔向这些男生。看到这一切，王女士紧走几步，准备拉女儿走开，没想到女儿却对她说：“都是你的错，把我生的这么胖，才被同学们笑话！你滚开！”女儿发脾气的样子，让王女士震惊。

“难道是我错吗?”搞得王女士一头雾水。

其实，和王女士的女儿一样，很多青春期的孩子心里都住着一个魔鬼——自卑。通常我们认为，那些自卑胆小的孩子脾气会更温顺，更听话，但事实往往相反，每个青春期的孩子都是敏感的，那些自信、情绪外显的孩子，他们更善于抒发内心的情感，懂得自我排解不良情绪。而那些自卑、内向的孩子，他们会把内心的不快郁结在心里，当自卑处被触动到的时候，他们的脾气就会爆发出来，甚至一反常态。

青春期孩子大部分时间都生活在集体中，很容易把自己和周围的朋友、同学相比，当自己的某一方面不如他们的时候，自卑感油然而生，把这种不

如人的想法积压在心中，甚至不愿意与朋友、同学相处。因此，他们很敏感，抱有很大的戒心和敌意，不信任别人，芝麻绿豆大的小事也会引发一场轩然大波。

到底是什么原因使得他们自卑呢？

1. 学习成绩不如别人

有些孩子学习成绩差而过分自卑，对自己没有信心，经常为自己的成绩或其他方面的不足而苦恼，心理脆弱，有时会因此而离家出走，甚至会产生轻生的念头，尤其是在考试前后、作业太多或学习遇到挫折的时候。

2. 物质条件不如别人

有些孩子，家庭条件不好或者来自单亲、离异家庭，他们会认为自己矮人一截，生怕被同学、朋友笑话，久而久之，自卑心理也就产生了。

3. 身体缺陷

作为家长，我们该如何帮助孩子消除自卑心理呢？

**心理支招：**

1. 鼓励孩子以自己的方式追求自我

青春期的孩子都标榜个性张扬、个性解放，他们有自己的喜欢的发型、音乐、明星、服装等，有自己的审美眼光。而父母看不惯孩子的这种表达个性的方式，认为孩子的行为是哗众取宠，无法理解孩子。而实际上，这是孩子内心世界的一种表达，是疏导青春期不良情绪的一种方法，如果家长加以压制，表面上看，孩子会听话、懂事，但实际上，他们会觉得自己落伍了、掉队了，自卑心理很容易滋生。例如，别人无意地说一句"你穿的衣服真土"，孩子就会怀疑自己穿衣品位和审美眼光，有的孩子还会产生郁闷、愤怒等情绪。

2. 教会孩子掌握一些消除自卑心理的方法

每个孩子身上都有自己特有的优点和潜能，要教会孩子懂得自我发现并发挥出来，使他自信起来。你不妨告诉孩子以下方法：

想一想：对于挫折，你要换个角度来想，挫折和失败是对人的意志、决心和勇气的锻炼。每个人都是经过了千锤百炼后才成熟起来的，重要的是吸取教训，不犯或少犯重复性的错误。

比一比：敢于与同学、好友相比，不能只看到自己的缺点和不如别人的地方，你要这样想，我虽说比上不足，但比下有余，及时调整心态，以保持心理平衡。不因小败而失去信心，不因小挫折而伤掉锐气。

走一走：到野外郊游，到深山大川走走，散散心，极目绿野，回归自然，荡涤一下胸中的烦恼，清理一下浑浊的思绪，净化一下心灵的尘埃，换回失去的理智和信心。

作为家长，如果我们总是用消极的心态对待一切事情，那不但什么事情都做不好，而且还会使自己产生无能、绝望的情绪。所以，家长也应引导孩子遇事多向积极的方面考虑，用乐观的心态看待一切事情。

## 父母唠叨出孩子的坏脾气

**家长的烦恼：**

在一次家长会上，很多家长都提出，孩子到了初中后脾气就变坏了，父母的话根本听不进去，甚至还公开和父母顶嘴。

“女儿上小学时很懂事乖巧，叫她做什么就做什么。自从上了初中就跟

变了一个人似的，总嫌我唠叨，我多说一句，她就厌烦，摔门走开。我为她做了这么多，她还不领情！"

"儿子 13 岁，年前还是个很听话的孩子，过了春节就变，学习成绩急骤下降，偷着上网吧，跟不好的孩子玩，作业也不做。我现在处处监督他，可是越管越不听，特逆反，老跟我顶嘴，和我对着干。求他也不是，骂他打他也不是。我没招了！"

孩子到了青春期，很多父母都有这样的困惑。他们最不理解的就是，为什么孩子现在的脾气这么大？到底是什么原因？其实，作为父母我们也应该反思，不妨换位思考，如果你处在青春期，每天面对唠叨的父母，你会怎么样？

实际上，我们家庭第一大杀手就是"唠叨"。有个班级曾经调查，最讨厌家长的什么行为。孩子一致认为就是"唠叨"。唠叨个没完没了，一点意义也没有。孩子有自己的想法，需要家长去聆听。有时候他（她）想说的事情并不大，只是想找个对象倾诉一下，把内心的烦躁说出来，这个时候家长的唠叨反而激起了孩子的烦躁。

这里说的聆听，是需要家长用心去聆听，用心去感受孩子成长的变化，合理的引导孩子。好的教育是让自己的教育方式适应孩子，而不是让孩子来适应你的教育方式。不要以为自己的教育方式总是正确的，孩子小的时候，处于弱势，没有拒绝的力量和抗拒的能力。到了青春期，孩子就敢于对家长说"不"，敢于"抗旨"，这使得家长感到困惑、生气、抱怨、伤心……

**心理支招：**

1. "五分钟后再谈"

任何教育方法的前提都需要我们父母能够控制住自己的情绪。在气头

上的父母，怎么会有能力、有智慧运用良好的方法呢？

“五分钟后再继续谈”。面对孩子的事情，给自己留五分钟的冷静时间，冷静下来，你会发现其实没什么大不了。孩子走进青春期，需要父母用耳朵、用心去倾听孩子，理解孩子。

2. 做出一些让步

让步可以在很多时候表明你欣赏孩子的成熟，并且意识到他对更多自由和自主的需求。

但有两点要把握：

①可以商榷的：

对那些不影响学习、不涉及孩子的生活质量和生活习惯的，就是可以商榷的，比如，睡觉时间、发型、衣服的样式，这些可以商榷，并达到协议。

②不可以商量、妥协的：

不符合以上原则的，就是不能商榷的，比如，孩子不做作业、抽烟喝酒等，就绝不能妥协。即使孩子与你争吵，你也不必害怕破坏与孩子间的关系而一味妥协让步，需要通过规定限度与制定标准来规范孩子的行为。

事实上，即使父母们的规矩不多，他们也不会得到青春前期孩子的“较高评价”。父母可以通过交流与让步避免强烈的冲突，但是他们必须制定一些标准，这是让孩子学会自律的主要方式之一。

3. 契约法

父母之所以唠叨，孩子之所以发脾气，都是因为在某些问题上没达成一致意见，于是，孩子还是继续挑战父母的极限，他高举着“我青春期了，我要……”的大旗；规定是晚上8:30之前回家，但是孩子总是违规，少则9点，多则10点多。面对这样的孩子，你该怎样办？我们可以采用契约法：如果你是一个事必躬亲的家长，对孩子的饮食、起居、学习、情感都想掌控，那么，你

必须做出一些改变。

新学期一开始，陈新为了能让唠叨的妈妈“收敛”点，想出了一个好主意——准备了一份合同。这天，当妈妈在吃饭时又说些老生常谈的话题时，陈星放下筷子，站起来郑重地说：“妈妈，咱们签份合同吧！”

合同的内容是：

①以后妈妈不在吃饭时间问儿子的学习情况；指导作业时，妈妈不许发脾气，不许敲桌子，要耐心讲解；周末给儿子放松时间，不能硬性规定9点必须睡觉。

②儿子要主动跟妈妈谈心，不乱花钱，不瞒着妈妈做事情，每天洗自己的碗，叠自己的被子。

③合同有效期：本学期。

母子俩都签了字，然后按照协议行事。很快母子的紧张关系消除了。妈妈不在吃饭时间问这问那；陈新的变化也很明显：不乱花钱买玩具，按时写作业，还承担了家里的扫地任务。

其实，“契约教育法”的秘诀就在于：孩子的行为一旦约定俗成，家长就不用三令五申，照章考核孩子的行为就行了。它可以帮助孩子自我约束，建立良好行为，父母省去了许多说教，亲子之间的情绪冲突大大减少，孩子也学会了自主管理。

总之，孩子因为父母的唠叨发脾气，家长就要作出教育方法上的调整，该放手时要放手，教会孩子去为自己负责，该信任的时候要信任，给孩子锻炼的机会，这样才能让孩子在体验中成长。

## 不自信的胆怯心理引起对自己的不满

**家长的烦恼：**

市里最近要举办青少年小提琴大赛，黄女士听到这个消息后，就给女儿报了名，她相信，女儿一定能拿到奖项，因为女儿从小学习拉琴，是学校最好的特长生。但在比赛的前一天晚上，女儿对黄女士说："妈妈，我不想参加了。"

"为什么？"

"我怕得不上名次给您你丢脸，还不如不参加。"

"你怎么这么不自信？"黄女士有点生气了。

"因为你经常说我没用，如果这次没得奖，你肯定又会这么说。"听完女儿的话，黄女士若有所思，难道都是我的错？

很多人会问："对人一生产生影响力的因素中，谁的作用最大？"毋庸置疑一定是父母。这个案例再次证明了这一点：黄女士经常否定性的暗示让女儿认为自己"一定做不到"。有一部美国情感纪录片显示，一位父亲无意中的一句话，不仅影响了女儿青春期审美观的形成，还影响了她的婚姻质量。上海青少年心理研究所专家支招：无论是表扬还是批评，父母一定要选择得当的话语，其作用真的影响孩子一辈子。

同样，对于有些青春期的孩子，他们会不自信、胆怯甚至自我否定，这些都和家庭教育有一定的关联。常常听到家长说："你看某某的学习多么自觉，从来不要父母操心，你为什么就这么不让人省心。我想了好多办法，花

了钱请家教，你的成绩怎么还是上不去？”亲子关系研究者认为，即便是出于对事实的抱怨，家长的态度会让孩子相当敏感。久而久之，他们便会认为自己“真的没用”，变得消极、胆怯等。

有少数孩子能在打击中越挫越勇，最后建立优秀品质，但是大部分孩子长期接受父母的直白抱怨和消极评价，伤害了他们的自信心和自尊心。一位心理医生非常痛心地讲述这样的现象：“很多家长为了孩子的问题来找我，当他们绘声绘色地描述着孩子的不良行为时，孩子就站在旁边听着！”这就是很多孩子不自信的原因所在。

那么该如何帮助青春期的孩子正确认识自我、树立自信、变得勇敢积极呢？

**心理支招：**

1. 注意你的教育语言

绝对不能对孩子使用的话语：

“你为什么就不能像谁谁。”孩子被对比，很可能增加他们本能的敌对情绪，甚至耿耿于怀。

“你真不懂事。”原本孩子做事就缺少信心，这样的话更易刺伤他们，以后只会越做越糟。

“你真笨。”这绝对是最伤孩子自尊心的话，孩子自卑、孤僻、抑郁、堕落都可能是这句话造成的。

……

2. 可以将批评与肯定结合起来

“你平时的作文写得还不错，可这次的作文却不怎么好。”“如果你再写上几篇这么糟糕的作文，你的语文就别想得到‘良’。”虽然这两个批评所表

达的意思是一样的，但前者却比后者易于被孩子接受。

当孩子缺乏信心或失去信心时，父母可以适时对他说“嗯！做得不错。”或“想必你已用心去做了！”等表示支持的话语，鼓励他：“如果能再稍微注意一点，相信下次可以做得更好。”这种积极的、有建设性的态度，才能使孩子不断进步，更加有自信心去与父母沟通。

3. 帮助孩子找到长处

家长永远是孩子的坚强后盾，当孩子遭受失败时，我们有责任鼓励他，教会他怎么克服困难。告诉孩子，任何人都有长处和短处，只看到自己的短处而不懂得发挥长处是片面的。

有的孩子有音乐天赋，有的孩子会绘画，有的孩子能言善辩……干什么不重要，重要的是孩子喜欢，不妨鼓励他发展，谁说爱好不能成为技能呢？专注或擅长一件事情能帮助孩子建立自信。

自信对于孩子智力发展影响很大，一定要引起父母的重视，帮助孩子重建信心，正视自己，提升孩子的智力发展，使他们健康成长。

# 第 4 章

## 面对青春期的生理变化，帮助孩子解决性困惑

性一直是人类生活的组成部分。很多孩子进入青春期后，产生了对异性的了解与认识的强烈愿望，性的成熟会给他们带来许多心理问题和令人困扰的事情，甚至表现出一系列性心理行为，如对性知识的兴趣，对异性的好感，性欲望、性冲动、性幻想和自慰行为等等，这些都是不容回避的事实。此时，我们应该认识到自己就是孩子第一任且是最好的性教育老师，只有及时、恰当地解除孩子这些困惑，才能拨开孩子心中的疑云，健康、快乐地成长。

## 青春期身体的变化，引起内心困扰

**家长的烦恼：**

杨先生的儿子杨明今年上初一，这一年里，杨先生觉得儿子明显长高了，也不像以前那样调皮捣蛋，变得安静了，但总好像心事重重的，有时躲在卫生间不知干什么，有时坐在写字台前发呆，还遮遮掩掩地看些杂志。妻子说："明明可能是进入青春期开始发育了，做爸爸的应该跟儿子好好谈谈青春期的问题。"杨先生也觉得应该跟明明好好谈谈，不然看他整天胡思乱想，学习也会受到影响。可怎么跟他谈，谈些什么好？

青春期是每个人一生当中的重要时期，是从幼儿时期过渡到成人时期的一个转折阶段。在这一阶段中，身体在生长、发育、代谢、内分泌功能及心理状态诸方面均发生显著变化。尤其生殖系统的发育与功能的日趋成熟更为引人注目，是决定人一生发育水平的关键时期。但面对青春期的这些变化，孩子会表现得既惊恐又好奇，心里产生忧虑、惶恐和不安，想通过各种途径来了解这方面的知识，满足自己的好奇心。父母有义务帮助孩子排解一些负面情绪，使他健康、快乐地度过青春期。

**心理支招：**

与青春期的女儿或儿子谈性发育问题是家长必须做的事情。关于男孩子的性发育问题，由父亲来讲是比较适当的。而女孩子的性发育问题，可以由母亲来讲解。讲解这一问题，可以分为以下两种情况：

1. 女孩儿的青春期变化

一般而言，女孩子的青春期变化分为以下 5 个阶段，大多数女孩子都会按照这一列表完成青春期发育，有些女孩子可能发育早些或晚些，其内容请父母参考。

(1)8 ~ 10 岁，一般这个阶段女孩子的发育还未真正开始，没有出现乳腺发育，没有长出阴毛。

(2)11 ~ 12 岁，这个阶段女孩子开始真正发育，她的乳房开始变大，阴部会长出阴毛、臀部变宽，声音变得低沉。个别女孩，还会出现月经初潮。

(3)13 ~ 14 岁，这个阶段大部分女孩已经出现了月经并逐渐规律，在身体发育上，会变得更丰满，身高增长的速度也会变缓。

(4)15 ~ 16 岁，有的女孩子开始对男孩子产生兴趣，希望得到男孩子的关注。

(5)17 ~ 18 岁，女孩子已经是一个成熟的美丽女子，在各方面已经发育成熟，她的感情世界也将继续发展并不断走向成熟。

2. 男孩儿的青春期变化

男孩子青春期的变化也分为 5 个阶段，个别孩子有发育较晚的情况，请家长不必担心。

(1)8 ~ 10 岁，这个阶段，男孩子在体型上和女孩子区别不是很多。没有长阴毛、阴茎也比较小。

(2)11 ~ 12 岁，这个阶段，男孩子睾丸激素开始作用。长得更快了，阴茎开始发育，声音变得低沉，肩膀和胸膛变得宽阔了。

(3)13 ~ 14 岁，这个阶段，男孩子会面临很多身体发育的问题，比如，发现自己长阴毛了，第一次“梦遗”，嗓音也会变得完全低沉起来，身体仍在快速长高。

(4)15～16岁，这个阶段，男孩子的脸部会出现让人头疼的问题，还有的长青春痘。

(5)17～18岁，这个阶段，男孩子真的长成一个成熟的男人，必须学会刮胡子。以前，会觉得每个女孩都很可爱，但现在，有个女孩的影像总是出现在他的脑海里。

作为家长，我们应该让孩子知道生理成熟这条路他们是一定要走的，是一定要经历的。父母既是孩子的长辈，也是孩子最贴心的朋友，帮助孩子及时调整好自己的心态，顺利地向成人世界进发。

## 青春心理：不敢与异性近距离说话

**家长的烦恼：**

这天，吴太太买菜回来，在小区门口遇到隔壁家的小刚，小刚很疑惑地问吴太太："吴阿姨，最近小玲是不是生病了？"

"没有啊，你们俩不是一个班的嘛，她天天都去上学啊！"

"那就奇怪了。"

"怎么了？"

"我以为小玲有什么心事呢，我发现从这学期开始，她老躲着我，有时看到我，都绕道而行；有时说不上两句话，她就急匆匆地走开了。"

"你们吵架了？"

"她是女生，小时候一起玩，我都让着她，关系一直挺好的，怎么可能吵架呀。"

“那我知道了，你放心吧，回去我会好好和她沟通的。”

吴太太明白，这是因为女儿长大了，知道男女有别了，在和异性交往的时候，就刻意保持分寸了。

青春期是每个孩子身心变化最为迅速而明显的时期，在这个时期，孩子从身体、外貌、行为模式、自我意识、交往与情绪特点、人生观等，都脱离了儿童的特征而逐渐成熟起来。随着性生理的发育，孩子们对两性关系有了朦胧的意识，开始对异性发生兴趣。但在与异性接触中又有羞怯的心理，表现出扭捏甚至连大胆与异性说话都不敢。

一个缺乏与同龄异性接触的孩子也总表现出一种不健康、不自然的与异性交往的心理和能力。这个时期对异性交往的限制常常给他们在未来更好地鉴别、选择异性朋友的配偶带来不良的影响。德国医学家布洛赫说：“完善的性教育是无害的，这种教育认为，性的本能像别的事情一样，是光明正大的，完全自然的。受过教育的人把一切自然的东西都看成是理直气壮的，承认它们的作用和必要性，性的本能对他们来说是生存的条件和前提。”性教育的目的是培养道德坚定性，从而克服两性关系中的不良现象，正确的性教育可以避免青少年生活中很多过失、错误、痛苦和不幸，使他们的身心得到健康成长。在这个过程中，父母有义务教育孩子，与异性交往，要大方优雅、以尊重未先，只有这样，才能坦然的、不失分寸的交往，才能获得异性同学之间纯洁的友谊。

**心理支招：**

1. 让孩子认识到青春期男女同学交往的益处

一些父母听到孩子与异性同学交往，就敏感多疑，认为孩子可能早恋。其实，青春期男孩儿和女孩儿之间的交往，并没有如很多父母想象的那么严

重，相反会有一些良性的结果。当青少年进入青春期后，由于生理和心理发育的急剧变化，从而使情绪易于波动，活动能力增强，人格独立要求增加，这些都属于正常现象，而非“恋爱”。男生往往比较刚强、勇敢，不畏艰难，更具独立性；女生则更具有细腻、温柔、严谨、韧性等特点。从心理学角度看，男女同学正常的交往活动可以促使双方互补，对性格发育和智力发育都有益。进入青春期的男女同学都希望自己成为受到异性关注和欢迎的人，为此，他们会尽力地改变自己、完善自己，这就形成了自我发展、自我评价、自我完善的最佳心理环境，是克服自身缺点及弱点的好机会。教育孩子与异性正常地交往，使他们能够理解异性、尊重异性，与异性发展自然的、友爱的关系，为他们今后顺利地进入恋爱和婚姻关系奠定良好的基础。

2. 告诉孩子如何与异性相处

就青春期这一阶段来说，男女同学共同学习，相互帮助，友好相处，是很有必要的。但与异性相处，交往的原则应当如何把握？

(1)以树立远大的理想为交往前提

只有在树立远大理想为前提下的男女同学之间的学习、交往，才是健康的，激发双方都努力学习，朝着既定的目标迈进。

(2) 男女同学之间交往要开朗、热情，真诚，自尊自爱，大方相处，在语言和行为上，要注意把握分寸。

(3)扩大交往的范围，多参加集体活动。积极主动参与集体活动，努力使自己成为班集体中活跃的一员，保持男女同学之间正常的友谊关系，不要专注在某一位异性同学身上，尽量不要单独与某一异性同学相处。

青春期的孩子性意识已经萌发。他们尝试与异性同学交往，父母不能简单粗暴地阻止，要加以引导，让孩子坦然面对青春期异性交往的问题。

# 开始渴望接近异性的身体

**家长的烦恼：**

赵太太的女儿小美回家跟妈妈说："一直和自己玩的小威哥哥居然'非礼'自己。"赵太太生气地带着女儿来到小威家，找其父孙先生"算账"，惊动了周围的邻居，大家纷纷前来围观。

躲在房间的小威吓得不敢出来。赵太太让女儿当着大家的面儿说小威是怎么"非礼"她的，小美支支吾吾地说："我们一起放学回家，在路上，他居然要牵我的手……。"

此时孙先生已经火冒三丈，准备打儿子，被邻居们拉住。一个大姐说："老孙啊，其实这不是什么大问题，孩子到了青春期，开始渴望接近异性身体了，我看你得好好和小威探讨一下青春期孩子的一些心理问题了。"听到这儿，孙先生心里一阵酸楚，几年前，他和妻子离婚了，一直是自己带孩子，小威虽然性格内向，还算听话，学习成绩很好。但出了这样的事，他觉得，该对孩子进行生理知识的教育了。

青春期是朝气蓬勃的，就如万物勃发、生机盎然的春天。进入青春期以后，孩子的身体开始出现快速的发育，会分泌出大量的性激素，使得孩子的性机能也逐渐成熟。身体上的变化，必然也引起孩子内心的变化，面对异性，他们会表现出兴奋、好奇、羞涩等。

很多父母认为，对于青春期的孩子一定要严加看管，否则孩子很容易陷入早恋的泥潭。于是，孩子与异性说话、拉手都被视为"学坏了"。实际上，

青春期孩子渴望与异性交往，是青少年身心健康发展的重要标志。异性交往并非必然陷入恋情，是同学、师生、朋友、合作伙伴等多种人际关系交往的需要。学会与异性和睦相处，对他们长大后择偶、恋爱、婚姻都有益处，也是对未来事业发展和社会人际关系适应的必要准备。

那么，小威为什么会出现这样的行为呢？

一般来说，这种情况多发生在青春期的男孩子身上。男孩在步入青春期以后，性器官日趋成熟。在性激素的影响下，男孩会产生爱慕异性的情感。来自视觉、听觉和触觉的某些刺激，如异性的外貌、同异性的接触、来自异性的热情，甚至语言、文字和图象，都可以成为性刺激，会引起性的冲动和欲望。神经系统正常的男孩，青春期大多会有正常的性欲，只是强弱不同而已。

针对性冲动，家长如何引导孩子正确调节和控制呢？

**心理支招：**

1. 帮助孩子形成良好的生活习惯

教育并督促孩子养成有规律的作息制度，注意个人卫生，避免不洁之物的刺激。

2. 教会孩子一些转移注意力的方法

比如，多参加一些有益的文体活动，听音乐、打球等，这样可以转移“视线”。不要看有性刺激的书刊、电影，避免与异性单独相处。我们不妨直言不讳地告诉孩子，青春期想接近异性的身体并不可耻，但一定要把握分寸，大胆、大方地与异性交往。即使对异性有好感，也只能让它们作为一种美好的愿望，珍藏在心底，等自己长大后，他（她）会以百倍的力量、热情来迎接你！

# 梦中的性让孩子感到羞耻

**家长的烦恼：**

陈红在一所中学任教，是儿子小容的班主任。小容的学习成绩并不好，一直处于中下游水平。陈红发现儿子进入青春期后更加腼腆了，甚至都不和女同学说话。最近一段时间，陈红觉得儿子奇奇怪怪的，一天精神恍惚，甚至连上课都在走神，陈红决定和小容好好谈谈。

“小容，今天妈妈决定和你谈谈，你最近心事重重的，是不是遇到什么事了？”

“没事。”

“可能你不愿意说，不过妈妈答应你，我绝不会把你的秘密告诉别人。”

“我还是觉得很可耻，难以启齿。”听到儿子这么说，陈红也猜出一二了。

“是不是关于身体方面的？”陈红顺势问。

“你怎么知道？”小容很吃惊。

“我猜到了你这个年龄，这些问题都很正常的，如果你愿意的话，告诉妈妈，妈妈能帮助你解除这些困惑。”

“那好吧。我一直在心里喜欢咱们班的一个女生，她各方面都很优秀，人又长得漂亮，我觉得自己是一只癞蛤蟆，而她是只美丽的天鹅，差距很大。奇怪的是，最近我常常在梦里梦到她，在梦境里我和她有时手牵着手，有时在郊外互相追逐。她总会对我笑，这些场景仿佛就在眼前。但当梦醒的时候，我会感到非常失落，觉得自己可耻。”

“你喜欢的是张婷婷吧？”陈红说。

“妈妈，你怎么知道？”

“我儿子的心思我一下子就猜出来，我们先暂时不谈这个，关于你说的梦到她的问题，妈妈想说的是……”

随着性生理的发育、两性交往的深入，青少年的欲望、性冲动也会逐渐增强。许多青春期男孩睡觉时偶尔会梦见自己相识的女性或其乳房、颈、腿等部位，此时阴茎会情不自禁地勃起，当达到极度兴奋时，就会遗精。有些女孩也会梦到自己和喜欢的男生一起嬉戏、玩耍等、

许多孩子由此自责，觉得自己是个坏孩子，千方百计地想去控制自己，可在梦中又不由自主。在医学上，这叫性梦，是青春期性心理活动的重要内容之一，常发生在深睡或假寐时，以男孩居多，性梦和梦遗不是病态，而是一种不由人自控的潜意识性行为，有关专家指出，性梦是正常的生理和心理现象，不必大惊小怪。据国外调查报告，近100%的男性做过性梦，男性的顶峰期在15~30岁之间。性梦与道德品质的好坏没有关系，人不可能因为品质好就不做性梦，也不可能因为道德败坏就夜夜做性梦，做梦人完全不必自寻烦恼。

虽然性梦是正常的心理活动，但任何事物都要有个度。如果沉溺于其中，对学习、对生活、对自己的健康成长是有害的。

**心理支招：**

1. 让孩子认识到为什么会“做梦”

寻求和揭示性的奥秘是很多孩子青春期所向往的事情，他们想了解性的秘密，因而对身边一切与性相关的事物，如电影、黄色书刊、色情故事、女性画片以及父母间的亲昵动作，都会引起他们的注意。人在清醒状态时，有

自我控制的能力，熟睡之后大脑的控制暂时消失，性的本能和欲望就会在梦中得到反映。所以，性梦大多是性刺激留下的痕迹所引起的一种自然的表露，性成熟是产生性梦重要的生理原因。

2. 纠正孩子对性意识活动的错误认识

很多孩子认为性梦是低级下流、黄色淫秽、道德败坏的，有的孩子由于性梦或性幻想的对象是自己的同学、邻居、甚至亲友，便会产生负罪感，认为自己乱伦、道德沦丧等。家长要向孩子解释性梦和性幻想是正常性、普遍性，还应告诉孩子性梦对象是不可选择。要让他们明白，之所以出现一些困扰，并不是性意识活动本身所致，而是自己对性意识活动所持的态度造成的。

3. 为孩子保密

虽然性梦是正常现象，但如果随意向外界披露性梦的内容和对象，不仅会对孩子造成伤害，还可能引起纠纷，家长要为孩子做好保密工作。

总之，我们要让孩子明白：有性意识甚至做性梦都没有错，关键在如何调节和发泄，青春期应以学习为重，把精力放在学习上，就能转移性梦对自己的困扰，另外，多参加集体活动和社会活动，也是一种自我调节的方式！

## 如何跟青春期的孩子讲解“性”

**家长的烦恼：**

事件一：

某中学举行一场别开生面的讲座——“关于青春期性问题的讲座”，参

加讲座的有三个年级的学生以及老师近千人。

令在场老师惊讶的是，面对一些大人们也觉得面红耳赤的话题，这些初中生们却没有丝毫的忸怩不安，反而问出了一些诸如“生米煮成了熟饭怎么办”、“处女到底怎么定义”、“性和爱可以分离吗”、“最好的避孕方式是什么”、“发生双性恋怎么办”等“尖锐问题”，不仅让一旁的老师听得瞠目结舌，就连主持讲座的专家也感到孩子们的问题不好回答。老师们感叹：现在的孩子早已不是我们想象中的那么闭塞。

事件二：

在某中学初一年级的语文课上，有一名学生突然举手提问“圆房”是什么意思，立即引来周围的一阵笑声，他的同桌压低声音说，“圆房”就是“那个”的意思。这一来倒把讲台上的年轻老师闹了个大红脸。

的确，我们的孩子在一天天长大，昨天的她还是一个在父母怀里撒娇的小女孩，今天她已经亭亭玉立了；昨天的他还是一个和邻居小男孩抢零食的小男孩，今天的他看见了女生都会退避三舍……此时，性健康教育成为摆在很多家长面前的一道不可回避的难题。

与这些“大胆”的孩子相比，一谈到“性”，大人们似乎要害羞得多，大多数家长仍然是谈“性”色变；有一部分思想开放的家长想对孩子提前进行教育，却又欲说还“羞”，不知从何说起。有调查表明，青少年了解性知识，70%来自电视网络、同伴之间的谈论交流或课外书籍，来自家长的教育却只有5.5%。有36.4%的母亲在女儿第一次来月经之前，没有告诉孩子该如何进行处理。由于正规渠道的性教育不能满足孩子们的要求，而报刊杂志、影视、文艺书籍等社会信息有着强烈的刺激和诱惑，还有同伴之间错误的性知识的干扰，很容易造成孩子性观念和性行为的偏离。

由此可见，结合孩子身心发育不同阶段的特点，及时进行性生理、性心

理、性道德等知识教育，是满足孩子渴望获得性知识的需要，是社会、学校和家长不可推卸的责任。

**心理支招：**

1. 家长应转变观念

青春期性教育是人生教育不可缺少的一课，对孩子进行必要的青春期性教育是社会文明进步的体现。生活中每个人都必须经历青春期发育这一阶段，青少年了解、学习性知识的途径必须是正当的、健康的。父母如果怕孩子学坏而封闭正当的途径，那么孩子只能通过一些其他方式来获取性知识，其中不乏一些淫秽、黄色的内容，妨碍其身心健康的发展。青春期教育如果出现缺失和失误，在孩子成长史上就会留下无法弥补的遗憾。

2. 保证性知识的准确性，不可敷衍孩子

孩子小的时候，他们会问："我是从哪里来的？"有的家长就用"拣来的"、"抱来的"等一些说词来搪塞孩子。但对青春期的孩子，如果我们不告诉他们实话，是不行的。我们应该让孩子知道，孩子是父母相亲相爱，由父亲的精子与母亲的卵细胞结合，然后在母亲的子宫里发育成长起来的。如果父母亲民主、开明，对孩子进行正确的性教育，孩子就不会将困惑埋在心里，而随时会向父母请教。

3. 父母也应该学习一些性知识，以解答孩子的问题

遇到孩子提出的问题过于敏感，父母不好开口回答，可将书报杂志上的有关内容做出标记，悄悄放到孩子的床头，让孩子自己去阅读。

需要提醒的是，父母在孩子面前不可表现得过于亲热，尤其是夫妻性生活要避开孩子，以免在孩子心中投下阴影，成为导致他们形成错误性心理、性观念的缘由。

总之，家庭是对孩子进行性教育的最为理想的场所，孩子遇到一些有关“性”的问题，家长要像解答其他问题一样坦然对待，用拉家常的方式对孩子进行性教育。

## 解开孩子心中的性困惑

**家长的烦恼：**

困惑一：

这天，华先生发现放在抽屉里的一盒安全套不见了。后来，他接到老师电话，说儿子在学校捣蛋，把安全套拿到了学校，给周围的同学看。有的同学把它当作气球吹，感觉挺好玩的。

困惑二：

这天，曹太太听见女儿小洁躲在房间哭，就推开门进去问缘由，事情是这样的：15岁的小洁和班上的男生东东谈起了恋爱，对爱情懵懵懂懂的俩人不知道谈恋爱应该是什么样子，两性之间的知识更是少之又少。一天，小洁被东东吻了，接吻之后，两人便后怕了，“我会不会怀孕呢？”小洁惴惴不安，“应该不会吧，我也不太清楚，”东东对此并不确定。从此以后，小洁总担心自己会怀孕，一有身体不适，就以为自己怀孕了，背着思想包袱，造成学习成绩一落千丈。

每个父母都希望孩子长大后具有健康的性观念和性行为，其实，父母是孩子最好的性启蒙老师，只有及时、恰当地解除孩子这些困惑，拨开孩子心中的疑云。性教育就是告诉孩子有关性交、怀孕和生育的“真相”，解释与孕

育下一代有关的过程以及对性的感受。

**心理支招：**

1. 对孩子进行性教育要客观、不带主观感情

当孩子向你提出“为什么男女身体不一样?”等问题时，你首先要放松、自然，没必要感到尴尬或不安，也不要表现出你想完全回避这类问题，因为孩子问这类问题纯属好奇。

回答孩子的问题，不需要长篇大论，因为他对综合性的知识毫无兴趣。如果你对简单回答也束手无策的话，现在书店里有很多适合不同年龄孩子性教育的书籍和家教杂志，建议你购买一本，选择有关能回答他提出的问题的章节、文章读给他听，其中那些能帮助他理解生命现象、男女性别的差异等问题的插图也可以给他看。以后孩子再问起这类问题时，你再使用这种方法依然可以奏效。

2. 言传身教，让孩子明白什么是“爱”

如果父母的言谈举止相亲相爱、温馨和谐、相互赞赏，无疑是对孩子最好的教育。因为孩子们理想中的异性原型对应的正是他们的父母，擅长察言观色的他们正好借此深刻领悟到父母之间的幸福、美满的男女关系，长大后他们会效仿。

3. 告诉孩子什么是性行为

青春期的孩子都听过这个词，错误地认为性行为就是性交，其实不然。观看异性的容姿、裸体，电视的色情节目，接吻，手淫，阅读色情小说等，都属于性行为。但一些西方国家把拥抱、亲吻作为一般见面的礼仪，就同性行为完全无关。当孩子了解这些之后，对性也就有了更深层次的认识，心中的种种困惑自然会消除，也就知道处于青春期的自己该做什么，不该做什么了!

# 第5章

## 帮孩子调整竞争心态，强化孩子的抗压抗挫力

竞争存在于每个人生活、工作、学习的方方面面。处于青春期的孩子也不例外，而能否有一个健康的竞争心理，对他们有非常重要的影响。作为孩子的第一任老师，父母在培养孩子健康的竞争心态上也起着极为重要的作用。首先，我们要让孩子认识到竞争的重要性；其次，我们要让孩子明白，竞争不应是狭隘的、自私的，竞争应具有广阔的胸怀，第三，父母要正确看待孩子的竞争结果，使孩子顺利、健康、快乐地度过自己人生中的特殊时期！

# 爱面子的孩子，害怕"输"

**家长的烦恼：**

秦先生的儿子小勇是个德智体全面发展的好学生。最近，一年一次的奥数竞赛要开始了，许多家长都争着给自己的孩子报名。但小勇却对秦先生说："爸，我不想报名。"

"为什么？你的数学成绩一直不错，老师不是也说你完全可以参加比赛吗？"

"就是因为这个原因，全班同学都知道我数学成绩好，平时都来问我数学题，你说，万一我拿不到名次，岂不是很没面子，同学会笑话我，老师也会对我失望的。"

"原来你是担心这个啊，看来我的儿子长大了，也和爸爸一样爱面子了，爸爸能理解你的想法，爸爸先跟你讲个故事：

我看过一篇题目为《打棒球》的文章，说的是一位父亲小时候参加棒球训练，他羞怯，害怕失败，如果输了球，他就觉得大家都在嘲笑他，最终他没有学会打棒球。等他的孩子长成了少年，他也让孩子去学棒球，圆他的棒球梦。而他的孩子和他一样，对球的悟性不太强，看似应该接住的球都从他的身边溜走了，于是他开始为孩子担心，感觉好像在场上的是他自己。中间休息的时候他儿子满头大汗地跑回来，说：'爸爸，我好热，给我买饮料吧。'他惊诧于儿子竟然没有一点的自责。休息结束后，儿子仍然热情高涨的上场，虽然有的球仍然没接住。他很不理解，妻子看出他的疑问，笑着对他说：'结

果不重要，有个开心的过程是最重要的。’”

“爸爸，我明白了，过程最重要……”

《打棒球》的故事告诉我们：无论成功还是失败，结果都会转瞬即逝，人生会面临无数的竞争和考验，没有哪一次可以决定我们的一生。对于既定的结果，无论输赢，我们都不要太在意，而是应该看看我们从中能够发现了什么、学习了什么，当我们面对下一个目标时，才知道怎样做会更好。

细心的家长会发现，当孩子长到十几岁以后，变得特别爱面子，很在意周围人对自己的看法。为了得到周围人的肯定，他们会在学习上你追我赶、注重自己的穿着打扮等。但这种爱面子的心态也会给他们带来一些负面影响，如害怕竞争，害怕输等。

我们知道，在竞争中，有胜利也会有失败。我们要鼓励孩子用自己的眼睛看世界，自己给自己一个正确的定位，相信自己有力量和能力去实现所追求的正确目标。要让孩子明白，自己在尽了最大努力之后，能做一个继续努力的赢家或是毫不气馁的输家，而不是过分注重竞争本身。相信自我本身就是一种“自我竞争意识”，连自己都不敢相信的孩子，根本上失去了和别人竞争的能力，他必然不会朝气蓬勃、乐观向上，甚至干任何事情都体验不到一种“把握感和成功感”。

**心理支招：**

1. 孩子最在乎的是父母的肯定

很多孩子害怕失败，是因为他们曾经被老师、同学、家长批评或者嘲笑过，以至于自尊心受到伤害，丧失了自信心。而维护孩子的自尊心，需要家长以孩子为荣，看到孩子的点滴进步，并不断发现他们的闪光点，从而消除他们的担忧。例如，多表扬孩子的努力，夸夸孩子在竞赛或竞争中得到的提

高。当孩子在努力尝试一些事情的时候，当孩子的能力得到提高的时候，当孩子能够成为别人学习的榜样的时候，家长都要给孩子积极的鼓励和支持，使孩子树立和增强自信心。

2. 帮孩子找到竞争的优势

鼓励孩子建立自信心，敢于面对竞争。每个人都不可能是全才，有长处也有短处。帮助孩子找到自己的优点，建立坚定的自信心，这是面对竞争时，合格家长首先要做的。家长要引导孩子挖掘自己的优点，走出自卑的困扰而变得自信起来；帮助孩子发现自身优点和长处是克服害怕竞争的良方。

一个人的兴趣和才能是多方面的，要注意发挥自己的长处，挖掘自己的潜能，这样就能增加成功的机会，减少挫折。同时，有竞争就会有胜负，我们要告诉孩子，即使处于劣势时，也要保持积极进取的态度，而不要采取贬低或破坏对方来获得自己的优势，也不要心生嫉妒或采取不正当的手段，更不要就此一蹶不振。

总之，我们应该教会孩子看重和享受竞争的过程，因为人生说到底就是一个过程，而不是结果。人的进步在于不断的超越自己，而不是和别人比高低。

## 失败很正常，不可用批评打压孩子

**家长的烦恼：**

马女士在国外工作，她的女儿莉莉一直住在外婆家。莉莉上初中后，马女士意识到孩子的教育是重要问题，就回国了。两年来，母女俩相处的不

错，可是莉莉似乎总是对母亲畏惧三分。最近，马女士准备让莉莉参加全国小提琴大赛，当她问女儿的有什么想法时，女儿回答：“妈妈，我不想参加。”

“能告诉我原因吗？”

“没什么，就是不想参加。”莉莉的回答让马女士很不高兴。

“为什么？你还好意思问，你回来这两年，孩子一点都不高兴，无论是考试，还是大大小小的比赛，只要莉莉发挥得不好，你就责怪，她已经15岁了，有自尊心的。我只知道我那个活泼、自信、开朗的外孙女已经不见了，这孩子现在一点自信都没有，还怎么参加小提琴大赛？”莉莉的外婆生气地说了这一番话，马女士恍然大悟。

的确，作为父母我们不妨思索一下，很多时候，我们的孩子为什么没有自信、不敢参与竞争？为什么怕失败？乍一看，这个问题似乎应该由孩子来回答。可能当我们的孩子第一次参与竞争时，他意气奋发，可我们却对孩子说：“别的同学都在努力复习，你怎么不看书？”其实，参加每一次竞争活动孩子倒比大人有大将风度，他们关注的是这个过程是否有趣，这个舞台是否热闹，对于结果则不会太在意。因此，不是孩子怕失败，而是我们家长怕失败，每当孩子失败时，我们心情低落而把情绪发泄在孩子身上：“真是没用的东西！”“你就不能给我争一次气？”

在很多比赛中，我们可以看到，孩子赢了，家长会极力奖励孩子，有语言上的赞美、肢体上的亲密、物质上的奖励等，如果孩子输了，家长往往会保持沉默，有的甚至会骂孩子。这种对待输赢的态度直接加剧了孩子消极情绪的积累，加剧了孩子害怕失败的心理。要知道，父母在每个孩子的生活、学习中占据着重要位置，父母对孩子失败与成功的看法也直接影响孩子对输赢的态度，一旦父母过于关注结果，直接会加剧孩子怕输的心理。因为青春期的孩子，已经有了明显的自我意识，更在意父母对自己的看法。面对失

败，作为参与者的他们已经很沮丧，如果父母再加以批评与打压，那么，孩子的自信与勇气都流失了。

那么，当孩子失败后，我们该怎么做呢？

**心理支招：**

1. 检查自己的价值观念

家长是否有这样的感受，当孩子在比赛中失利了，你是否觉得很没面子？是否觉得孩子不够聪明？事实上，孩子对自己的评价很多时候是来自家长的。如果一个孩子认为自己的父母只在乎他的成绩和比赛结果，那么，一旦失败，他们便会产生消极、悲观的思想。

所以即使你的孩子这次失败了，你也不要用那些消极的语言打击他。

2. 不要随意惩罚孩子

打骂会对孩子的心理造成伤害吗？答案是：当然！我们不能把自己对孩子失败的烦恼发泄在孩子身上，更不能当着外人的面打骂或嘲笑、挖苦孩子。家长要时刻牢记，自己应该始终给孩子坚强的拥抱，如果以恶劣的态度对待孩子，一来会激发孩子的逆反心理，二来会打击孩子脆弱的心灵，有的孩子还会怀疑家长是否真的爱他。

很多家长都有这样的经历，因为孩子不争气，一时气愤打骂了他，过后又心疼后悔，想方设法补偿。说实话，这一系列行为对孩子的成长没有任何意义，孩子不会因为粗鲁的打骂便愈加努力，相反，他们会感到委屈和伤心，自信心也受到打击，甚至有可能一蹶不振。

总之，作为父母，如果你希望孩子能坦然面对失败，勇敢面对挫折，你首先就要端正自己的态度！

## 惧怕比赛的孩子，关键时刻“掉链子”

**家长的烦恼：**

孟太太一直为自己的女儿小言感到骄傲，小言是学校里的活跃分子，朗诵、唱歌、体育都是她的拿手好戏。

一次，学校组织初二年级诗歌朗诵大赛，老师又派小言代表班级“出征”。接到“命令”后，小言在家勤学苦练，做完作业就捧着小本子练朗诵，还让爸爸妈妈当评委，给自己提意见。诗歌朗诵比赛如期举行。但比赛结束后，小言垂头丧气地回到家，哭着对孟太太说：“妈妈，这次比赛我输了……什么名次都没有拿到……”孟太太愣了一下，连忙问：“为什么呢？”“我在朗诵的时候忘词儿了……”小言的头越来越低。“没关系的，这是一次意外，以后我们多练习，这种情况一定不会发生了！”孟太太安慰道。

本以为事情就这样过去了，有一天孟太太接到了班主任老师的电话，说：市里要举行中学生演讲比赛，老师推荐小言参加，比赛前一个星期，小言都准备得差不多了。可是，就在比赛前一天，她说不参加了。

孟太太挂了电话以后心里琢磨着，以前这样的活动小言是很积极的参加，怎么现在不愿意了呢？这天小言放学后，孟太太问起杨岩这件事，小言说：“我不想去，万一到时候又忘词儿了怎么办？同学们已经笑话过我一次了……”

从小言的例子我们看到一个积极向上、勇敢的女孩却因为曾经受挫变得胆小、害怕比赛而在关键时刻“掉链子”。这对于家长来说，无疑是一件头

疼的事。对于青春期的孩子来说，他们再也不能向小学时那样无忧无虑了，他们不得不面对很多考试，不得不面对一次次的考试成绩，考试的压力、升学的压力把这些孩子压得喘不过气起来。那些成绩优异或者有特长的孩子，他们面临的压力更大，因为在学习之余，他们还必须为各种比赛努力，他们不允许自己失败。于是，很多时候明明已经准备充足，却在即将比赛时意识到一个问题，如果这次失败了，那么……最终，他们选择逃避。可一个临阵脱逃的孩子需要面对的是更大的压力，他们可能会被同学们嘲笑是“逃兵”、“胆小鬼”、“老师失望的眼神”等，同时，孩子丧失的是勇气与信心。因此，作为父母，我们一定要让孩子认识到，无论成败，只要拼搏过，就是勇者。

**心理支招：**

1. 找到孩子惧怕比赛的原因

一般来说，有以下几点：

(1)孩子曾经遭遇困难和挫折。在某件事上遭遇挫折和失败的孩子，一般是不愿意再涉足这个领域，因为他们害怕再次失败带来的打击。为此，他们会选择那些看起来更容易成功的事，把之前的失败归结为自己“笨”，“做不到”。

(2)家长过高的期望。家长望子成龙心切，总要求孩子要做到最好。这给孩子增加了心理负担，赢得起，输不起。

(3)孩子遇到某些困难。孩子遇到某些困难后，就会产生“肯定赢不了”的想法，而受到能力和经验的限制，孩子找不到解决问题的方法。

此时，我们要予以指导和帮助。要根据孩子的不同特点，多教孩子一些克服困难的方法和途径，不断提高孩子独立解决问题的能力。

2. 消除孩子的紧张感

当孩子要去参加演出或比赛时，不要老是对孩子讲“别慌”、“别紧张”，因为这些言语更容易让孩子紧张；家长要善于用孩子过去的成功经验来鼓励他，这一点很重要，因为成功的经验能在很大程度上加强一个人的成功感，增强一个人克服困难的信心，当孩子面临新的挑战时，可以帮助她回想以前类似活动的成功经验，这类成功经验与当前活动的时间越接近，激励作用就越大。

总之，如果孩子害怕比赛，甚至临阵脱逃，你都应找出具体原因，然后引导孩子鼓起勇气，吸取失败的教训，大胆自信地再次尝试。

## 如何让孩子敢于直面竞争

**家长的烦恼：**

一天晚上，正在忙着给孩子辅导功课的夏太太接到朋友电话，原来是喊自己去打牌，夏太太便说自己忙，准备推辞，没想到，15 岁的儿子说：“妈，你去吧，我自己可以一个人学习。”

“那怎么行呢？还过两个月你就要中考了，可不能松懈，难不成你想在初三再读一年？”

“说实话，妈，我真不想参加中考，我真想再读一年，至少，有底气些。”儿子一点也没开玩笑的意思，夏太太意识到，孩子升学考试压力大，想退缩了，但中考还是必须得参加啊，即使再读一年，明年还是必须面对。

“孩子，你可别跟妈开玩笑，妈知道你担心自己考不好，但你要对自己有

信心嘛。我前几天找过你们老师，他说你的基础很好，应该没问题的。”

“可是我还是怕，万一考不好，我这一年的努力都白费了。”儿子担忧地说。

“我知道，可是如果你不参加的话，你又怎么证明你这一年的努力呢？实际上，每个人的一生，需要面对很多的竞争，有升学的，有就业的，还有升迁的，我们只有勇敢面对、迎难而上，才能让自己变得更加强大。你是男孩子，更要经得起各种考验。”

“妈，我知道了，我会继续努力的，不会轻易说放弃……”

案例中的夏太太说得对，任何一个青春期的孩子，在充满竞争的社会大环境中，必然要为进入好的学校、参加各类竞赛活动而和同伴展开竞争，面对这些竞争，我们的孩子如果不能做到勇敢面对，那么，竞争还未开始，就已经宣布他们失败了，未来在充满竞争的社会中如何生存呢？现在的父母已充分意识到了这点，便开始提前强调孩子的应战能力，补课、补品……使孩子应接不暇，可对于一个孩子来讲，到底什么是最有竞争性的呢？心理学家给出了答案，那就是自信、勇敢。

那么，我们该如何让孩子敢于直面竞争呢？

**心理支招：**

1. 转变观念，鼓励竞争

过去我们常以“听话”、“乖”作为评价好孩子的标准，其实，这样的孩子对问题缺乏个性见解，对压力无力抗争。从孩子未来生存发展来看，应从小培养孩子具有独立自主意识、坚强的意志、敢想、敢说、敢干，以及勇于迎接挑战、挫折与艰辛的精神，鼓励孩子勇敢地走出教室，走出家庭和社区，融入社会，体验生活，体验竞争。

2. 帮助孩子客观地评价自我

孩子不敢直面竞争，大多是认为自己“做不到”、“不行”，因而产生深深的“自卑”。这会使孩子看不到真正的自己，看不到确切的“差”与存在的“好”。做父母的，有必要帮助孩子拨开迷雾，仔细看看自己：

（1）让孩子找出自己的“优点”：让孩子尽可能说出自己的“行”，这是一种自我肯定。如果他无法说出或说得很少，那么我们就和他一起来想，越充分越全面越好。

（2）让孩子也看到自己的“不足”：如果还在找不到的话，我们也可以补充。

（3）比较“优点”与“不”足，看看孩子“不足”的主要来源是什么，“优点”要继续发扬。

3. 帮助孩子做自我“调整”，让孩子不断进步

鼓励孩子积极地行动起来调整了“不足”的心态后，不妨让孩子学会自己这样做。

（1）对自己的要求再严一点：假如我能提前十分钟起床，那么，我就可以多读一遍课文了；假如我能够在做这道习题的时候认真点，那么，错误就能再少一点。

（2）将自己的行动记录下来：如今天做完这些习题，花了多少时间；这周为体操比赛花了多少时间……

（3）必要的反馈与奖励：如果孩子已经努力地做到了，如果你承诺答应给孩子什么奖励，那么，你一定要做到。

总之，为人父母必须要记住一点：只有父母的信任才可能换来孩子的自信，只有父母的鼓励才能换来孩子的勇敢！

## 好胜心过强的孩子，无法接受失败

**家长的烦恼：**

小宁已经三天没回家了，这让曹先生一家人焦急万分。小宁一直是个很乖巧听话的孩子，她是初三年级的学生会主席，这次怎么突然说不见就不见了呢？

给学校打电话之后，曹先生了解到，前几天女儿代表学校参加了全市初中生英语演讲大赛，因为紧张，她表现不太好，没拿到奖项。原本女儿打算把这次的奖状当做自己15岁的生日礼物，但没想到却是这样的结果。曹先生明白，小宁一直都很好强，这次的失败对她来说无疑是个不小的打击，怪不得女儿"玩失踪"呢。曹先生突然想到：小宁会不会去了外婆生前留在农村的老房子？果然，小宁就在那里，见到爸爸妈妈，小宁哭了，哭的很伤心。

曾有人说，那些越是渴望成功的人，越是经受不住失败。我们的孩子也是一样，青春期的他们，已经有了竞争意识，已经明白成功会带来被人敬佩和夸赞的眼光，于是，在这些孩子之间，会形成一个你追我赶的竞争态势，对于这一点，家长要给予肯定和支持。但孩子若是过于争强好胜，那么，很容易使得这种竞争心态度得扭曲，一旦失败，他们就会质疑自己的能力，失去自信，回避类似的竞争，甚至一蹶不振，耽误正常的学习、生活。

我们知道，每个人都要面对竞争、参与竞争，有竞争就有强弱之分，弱者必须承受得住失败的打击，你在这次竞争中失败了，并不说明你在将来的竞

争中注定也要失败；你在这方面的竞争中失败了，并不说明你事事不如人。但我们的孩子并不一定能意识到这一点，尤其是那些争强好胜的孩子，为此，我们必须告诉他们：竞争中应保持心理稳定，避免情绪大起大落。要克服自卑心理，选好努力的方向，下决心追赶上去才对，自暴自弃的思想要不得。

**心理支招：**

1. 先给孩子宣泄的机会

消极情绪的宣泄，能减轻孩子对比赛结果的担忧，并能较坦然地面对输的结局。孩子和成年人一样，他们也有“面子”，也需要得到他人的尊重。当他做得不好时，你马上指出来，丝毫不考虑场合，不考虑她的自尊心。她参加比赛输了，哭很正常，如果她想哭，别硬性阻拦，让她“想哭就哭吧。”另外，如果你的孩子平时爱倾诉，你可以说“我正在听”、“你能告诉我吗?”引导孩子倾诉、宣泄、释放。在她情绪稳定后再提出来建议。

2. 帮助孩子对输得结果正确归因

一般来说，如果孩子在竞争中不断受挫，且对竞争的归因不当时，便会产生消极情绪，此时，我们要对孩子的归因有一定的引导策略，孩子输了的时候，不要作出“是因为你笨”之类的评价，避免孩子将失败归因于自己能力差等内部因素，引导孩子在竞争中学会分析自己的能力、任务的难度、客观环境等，客观地进行归因。

3. 维护孩子的“社会形象”

俗话说“树要皮，人要脸”，这对于孩子同样适用。如果你当着别人的面说他：“看人家多自觉，你能不能长进点?”你会发现，孩子以后的问题会越来越多，而且越来越不听话。因为你不给孩子留面子。如果你当着老师的面、

亲戚的面数落孩子，那情况就更糟，孩子要么变成可怜的懦夫，要么成为一个偏激者。因此，父母切记：不要在孩子面前说太多坏话。否则，你的“抱怨”会毁了孩子的社会形象，也毁了自己在孩子心中的形象。

总之，如果你好胜的孩子失败了，你要告诉孩子，失败并不能代表什么，关键是找出失败的原因、努力的方向！

## 孩子总是嫉妒他人的成功

**家长的烦恼：**

一年一度的学校年度表彰大会召开了，很多家长如约而至。陈女士也是其中一位，她的女儿阳阳是这次受表彰的学生之一。令陈女士感到高兴的是，女儿在同学和朋友中是个佼佼者，这次，在她的这些闺蜜中，女儿也是唯一的受表彰者。陈女士又有些担心，女儿的这些朋友会不会因此而不高兴呢？但听到这段对话后，她心里的一块大石头落地了：

阳阳问同桌的莉莉：“你不讨厌我吗？”

“我为什么要讨厌你？你是我最好的朋友啊。”

“我的意思是你，你应该讨厌我，每次我拿奖的那一刻，我都怕会失去你们这些朋友。”

“你认为我莉莉是那样的人吗？我心胸宽广，那种小肚鸡肠的嫉妒心理我是没有的，放心吧。你拿奖，受表彰，我应该替你高兴嘛，我的朋友优秀，我心里也高兴得不得了。”

听完莉莉的话，菲菲也笑着说：“真正的朋友就是有福同享有难同当，你

的荣誉就是我们的荣誉嘛，今天晚上阿姨肯定做大餐，我们都有口福了。”大家都笑了。

在领奖台上，阳阳说：“感谢我的老师、爸爸妈妈，还有我的好朋友，我感谢他们的理解，我们要一起努力……”

晚上，陈女士准备好了庆功的晚宴，看着这些可爱的丫头们，她感到很欣慰。

我们每个人都有朋友圈，有时会不自觉地与他人作比较，免不了有羡慕、崇拜，奋力追赶的心情，这是上进心的表现。但有时也会产生羞愧、消沉、怨恨等不愉快的情绪，这就是人的嫉妒心理。

青春期的孩子也喜欢交朋友，但对友谊威胁最大的杀手就是嫉妒，因为在同龄的孩子之间，往往免不了竞争。很多孩子在面对比自己优秀、比自己成功的朋友时，就会产生心理不平衡，“和她做朋友，感觉自己像个小丑一样，简直就是她的附属品”，这种心理很多孩子都有过。

作为孩子的第一任老师，父母在培养孩子健康的竞争心态上起着极为重要的作用。要让孩子明白，竞争不应是狭隘的、自私的，面对竞争应具有广阔的胸怀；竞争不应是阴险和狡诈，暗中算计人，朋友之间应互相帮助，齐头并进，以实力超越；竞争不排除协作，没有良好的协作精神和集体信念，单枪匹马的强者是孤独的，也是不易成功的。

**心理支招：**

1. 引导孩子发现别人的长处和不足

如果我们的孩子能以这样的心态面对比自己优秀的朋友或者同学，不仅能学会用客观的眼光看自己和对方，也能弥补自己的不足，就不会为一点小事钻牛角尖，还能交到帮助自己、与自己一起成长的真正朋友。

2. 教育孩子在竞争中学会宽容

有一些孩子在竞争中失败了，就会表现得不高兴、闷闷不乐，甚至憎恨胜利者、嫉妒胜利者，不与胜利者交往，并在其背后说坏话等。孩子有这样的表现，说明他们还不成熟，还不能以健康、积极的心态面对得失。对此，父母在教育孩子的时候，重在提高孩子的道德水平，正确面对竞争中的得失，让孩子明白竞争不应该是狭隘的、自私的，而是宽容的、大度的。

3. 教孩子在竞争中合作

竞争愈是激烈，合作就愈是重要，因为个人的力量总是渺小的。要让孩子认识到：只有竞争没有合作，只能造成孤立，带来同学关系的紧张，给自己平添许多烦恼，对生活和事业都非常不利。培养孩子的竞争能力，就要让孩子明白只有与嫉妒告别的人，才有可能获得竞争最后的胜利，取得优秀成绩。妒忌心理是人与人相处、人与人竞争中存在的一种阴暗心理，危害性很大。因此，我们在培养孩子的竞争意识的同时，更要注意培养孩子的竞争美德。

## 孩子获得了好名次，内心压力反而更大

**家长的烦恼：**

刘先生的女儿小帆多才多艺。初二开学，小帆就报名参加了市第三届校园主持人大赛，经过资格赛、预赛、半决赛和总决赛，小帆从 160 多名小选手中脱颖而出，获得了“金话筒奖”。与孩子共同经历近两个月的比赛，刘先生真切地感受到女儿参加比赛的艰辛和惊心动魄，为女儿取得的优异成绩备感欣慰。

比赛结束这天，刘先生和妻子准备了一桌子的饭菜，庆祝女儿的成功。可女儿表现出来的并没有刘先生想象中的高兴，反而是一脸愁容。

“怎么了，拿了第一名应该高兴啊。”

“我知道，这次我拿了第一名，下次我还能拿第一名吗？今天老师已经表态了，以后这种比赛都要我参加，我要是拿不到奖项，老师一定会失望，同学们也会笑话我，我也对不起你们。这次参赛，从主持词的撰写到排练节目，从发型的设计到服装的搭配，你们全程陪同，我参赛时唯一的念头就是拿第一，可是谁能保证下一次呢？”

听到小帆这么说，刘先生若有所思，原来女儿担心的是这个，一个已经站在成功者位置上的孩子或许更害怕失败吧！

我们不得不承认，很多青春期的孩子都和小帆一样，在参加考试或比赛获得好名次之后，他们在欣喜之余，往往内心压力更大。这与父母也有很大的关系。每当孩子成功后，我们一般都会对孩子说：“下次继续努力，一定要再考好一点。”“不要骄傲，你还有更大的目标。”而这无疑是告诉孩子：“你下次不许输。”这是一种无形的压力。因此，作为父母，如果你希望孩子真的从竞争中获取知识、锻炼自我，就必须让孩子摆脱这种压力。

**心理支招：**

1.不要太看重孩子的名次

当我们把沉重的分数、名次强加在孩子身上时，我们实际上是剥夺了他对丰富多彩的生命的体验，剥夺了他的人生选择权，剥夺了他的快乐和健康，我们这是在爱他还是在害他？

好学成性的孩子、终身学习的孩子会越学越有学习的劲头；为考试、为名次学习的孩子，学到一定时候就会厌倦学习、痛恨学习。这是教育成功与

否的分水岭。只要孩子肯钻研、爱学习，不管成绩怎样，都是值得赞赏的。相反，孩子一心就想得高分、获好名次，那就值得警惕的。

2. 切实提高孩子各方面能力

只有某一方面特长或者某一爱好的孩子，一般在这方面投入的精力更多，期望也就越多。但“人外有人，山外有山”，即使他们这次成功了，并不代表他们永远成功。而如果我们培养孩子有多方面的能力、兴趣、爱好，那孩子在拓展视野的同时，也会学习到各种抗挫折的能力、知识、经验等，具有较完善的人格，这对于提高孩子的自理能力、交往能力、学习能力和应变能力都有很大的帮助，也可为他们独立战胜困难提供勇气和方法。

3. 鼓励孩子勇于创新

孩子害怕失败，主要是因为他们害怕被超越。作为父母，我们要让孩子明白，进步才能获得更强的竞争力，把压力化作动力。然而，没有创新就不可能进步。因此，家长在教育孩子时，要善于激发孩子的求知欲望和兴趣，鼓励孩子多参与动脑、动手、动眼、动口的活动，使其善于发现问题，提出问题，并尝试用自己的思路去解决问题，不要用传统的现成答案和传统的教育模式来限制孩子，束缚孩子思维的手脚，当孩子表现出“新思想”、“新发明”时，家长应及时给予肯定和表扬，并鼓励孩子坚持探索。

总之，孩子积极参与竞争是对的，但别把“第一”当成竞争的唯一目的，应该在参与过程中培养良好品质，如遇事冷静、沉着、性格开朗等，这些个性品质比“第一”重要得多。

# 培养孩子的抗压抗挫的能力

**家长的烦恼：**

据媒体报道，湖北省荆州市一名女中学生，学习成绩很好，喜欢帮助同学，人缘关系不错，老师和同学都很喜欢她。但有一次，一个学习成绩差的同学求她帮忙，考试时作弊。谁料没有作弊过的她因为紧张过度被老师发现，最终被老师赶出考场。事后，她一直耿耿于怀，羞愧地跳入长江自杀身亡。对这名女中学生自杀事件，人们从各个角度展开了大量讨论，谈的最多的还是中学生的心理素质和心理承受力的问题。

我们不得不承认，现在的青少年心理承受能力越来越差。在学习方面，过分注重自己的学习成绩，一次考试成绩不理想就会伤心很久，甚至出现厌学的倾向；在人际关系方面，害怕别人拒绝自己，不知道怎么与人相处，同学之间的一点小矛盾会感到束手无策，从而使自己心神不宁，学习退步；受到家长和老师的一点点批评就会使他们离家、离校出走等等，以上的种种都是孩子输不起的表现。

然而，这些问题"病"在儿女，"根"在父母。父母对孩子过多的照顾和过度的保护，使孩子无法得到磨炼，没有经受困难与挫折的心理准备和能力。表面上看，这些孩子个性十足，其实内心十分脆弱，就像剥离的蛋壳，稍一用力，就成了碎片。

心理承受能力，是指一个人从挫折中恢复愉快心情的心理素质，它对一个人的生活和工作是非常重要的。一个人只要进入社会，就会遇到各种压

力、困难和挫折，有的人能勇敢、乐观地去战胜它，而有的人却显得懦弱、悲观，处处想逃避它。孩子们面对的压力有：考试不及格，竞赛不入围，升不了重点中学，和同学、老师关系不好等，这些都会给孩子带来心理压力。特别是那些性格内向的孩子、学习成绩差的孩子、单亲家庭的孩子、生理有缺陷的孩子、失足有过错的孩子，他们面对的问题更多。父母若不能正确地指导、对待他们，这些孩子在遇到不愉快的事情时，就会有话不敢说，心里的郁积得不到舒展，久而久之，就给自己造成了强大的精神压力。

**心理支招：**

1. 正确面对孩子的挫折

当孩子遇到挫折时，家长一定要正确面对，避免做出任何消极否定的反应，这种反应只会加重孩子的失败感。家长不妨改变一下方式，变消极否定为积极鼓励、加油。这样既在客观上承认了孩子的失败，又充分肯定了孩子的努力，保护了孩子的积极性，同时，应为孩子指出了继续努力的方向。

2. 给孩子制定一个适度的发展目标

适度的期望是相信孩子的表现，他能帮助孩子发挥自己的潜能。作为家长，一定不要否定孩子，而要相信孩子有能力、有潜力去做好一件事。同时，家长要从孩子自身的特点出发，帮助孩子制定一个适度的目标。无论成败，都要给孩子一个客观的评价，孩子在哪里做得对、哪里做得不对、该发扬什么优点、改正什么缺点等，使孩子保持一颗平常心，从容应对生活中的各种挫折。

3. 避免用语言、行动证明孩子的失败

现在的独生子女心理素质较差，受挫能力普遍较低，这就要求家长帮助孩子树立坚强的意志，培养他们敢于直面逆境的信心与毅力，让其经风雨历

磨难，这对孩子克服软弱、形成刚毅的性格大有帮助。

4. 允许孩子慢一点

现代的独生子女在成长过程中，父母总想方设法帮助他们排除一切干扰，让其顺利成长。缺少甚至没有必要的应激和挫折，适应力从何而来？遇到挫折又怎能输得起呢？

与其他孩子比较本无可厚非，可千万不要忘记对自己孩子进行前后比较。要用成长的事实来鼓励孩子，慢一点不要紧，关键是每一步都要有孩子自己的汗水和思考。

总之，对于培养孩子的抗压受挫能力这一问题，父母一定要鼓励孩子坚强、自信地面对，让孩子懂得压力人人都会有，父母也会遇到麻烦、产生心理压力。在遇到麻烦、产生心理压力时，要教会孩子应对困难、克服压力的办法，以增强孩子的勇气和信心。

# 第 6 章

## 书本间的青春，帮孩子解决学习的困扰

一位孩子在日记里向爸妈吐露了自己的心声："有时想给父母一个承诺，但怕父母等待结果不如愿反而失望；怕父母抓住我的承诺，给我施加压力。我还是给自己留一条后路吧。"在青春期的孩子，为了父母和老师的殷切期望，使得原本简单的学习多了许多烦恼。

# 厌学情绪变大，上课无精打采

**家长的烦恼：**

这些天，李先生着急得打电话到处求助："听话的儿子突然开始不喜欢学习了，真不知道该怎么办才好呢。"

李先生说，开学还没几天，正在上初二的儿子前些天放学回家脸色很难看，不再像以往那样写家庭作业，而总是一个人悄悄地躲在卧室里，半天也不开门出来。我也不知道他在里面干什么，就推门进去，看到儿子竟然躺在床上睡觉。我随口说了一句："天天就知道睡觉，赶快起来写作业！"儿子只是看了我一眼，一句话不说，我越看他越生气，忍不住走上前掀开了他的被子，儿子气冲冲地站了起来，大喊道："写作业、写作业、天天就知道写作业，我不想上学了。"我一愣，儿子这是怎么啦，好像变了一个人似的，满脸涨得红红的。我问儿子为什么这样厌恶上学，他也一句话不说，只是不停地重复："我不想上学，我不想上学。"

为了弄清楚原因，李先生主动给儿子的班主任打了电话。通过交流得知，儿子最近的课堂表现很糟糕，无精打采，经常在课堂上看漫画书。几位科任老师也反映，他学习很吃力，不能及时消化老师所讲的内容。班主任的话给张先生敲了"警钟"。

教育专家认为，初二课程比较多，学习内容也相对增加了，学起来难度比较大，是初中生产生两极分化的关键阶段。在这一阶段，学习成绩好的同学开始显山露水，而学习成绩比较差的学生则很容易产生厌学情绪。

在现实生活中，有的孩子一提到上学就感觉浑身难受，出现肚子疼、出汗、失眠等症状，到医院做检查却发现孩子身体没问题。这时候，父母就应该引起注意了：孩子有可能得了厌学症。厌学症是目前青少年诸多学习心理障碍中最普遍的问题，是青少年最为常见的心理疾病之一。从心理学角度看，厌学症是指孩子消极对待学习活动的行为反应，主要表现为对学习存在偏差，情感上消极对待学习，行为上主动远离学习。患有厌学症的孩子往往对学习失去兴趣，他们没有明确的学习目的，恨书、恨老师、恨学校，严重者甚至一提到上学就恶心、头昏、脾气暴躁、歇斯底里。

引发厌学症的原因很多，主观方面，许多孩子自身比较懒惰，怕苦怕累，总觉得学习是一件很苦很累且很乏味的事情，一看到书本就头痛，总想找机会逃避学习。有的孩子在学习上付出了很大的努力，但每次考试成绩都不理想，他们就觉得自己不是学习的料，开始厌倦学习。客观方面，校外娱乐场所，诸如电子游戏室、网吧等对孩子的影响。有的是父母强制孩子学习，每天都沉浸在学习中，负担太重，没有时间放松，使得他们对学习产生逆反心理和厌倦心理。

**心理支招：**

1. 降低对孩子的期望

父母总希望孩子考试要得第一，但是，“第一”只有一个，不是每个孩子都可以做到的。因此，父母应该正确看待考试成绩。要多与孩子交流，了解孩子学习的困难，帮助孩子制定切实可行的学习计划。倘若孩子考试失败了，仍然要对孩子说：“你是最棒的！”“你已经尽力了！”帮助孩子重新树立信心。

2. 让孩子体验到成功的快乐

趋乐避苦，这是人之常情。如果孩子在学习上多次摔倒，他们体会不到成功的乐趣，自然失去学习的兴趣。那么，父母可以制造机会，比如，孩子英语比较差，你可以让他先做几道简单的习题，让他轻松完成之后，体验到学习的乐趣，再逐步增加习题的难度。

3. 引导孩子积极的自我暗示

那些经常给予自己积极的心理暗示的孩子，他们往往能避免学习的失败。对此，父母要引导孩子学会积极的自我暗示，经常对自己说一些激励的话。比如，每天早上起来，对着镜子说"我是最棒的"、"今天又是美好的一天"。

## 老师不喜欢我，学习自然没动力

**家长的烦恼：**

课间休息的时候，几位学生坐在体育场聊天。一位戴眼镜的男生说："我越来越觉得读书没意思了，好像每个老师都不喜欢我。"另一位学生接着说："你不知道吗？老师都喜欢成绩优异的学生，上课时关注他们，下课后还给他们开小灶，像我们这样的中等生，老师看都不会看一眼。""就是啊，课堂提问的时候，我每次都把手举得很高，但是，老师完全当我是透明的，还不是让成绩好的同学起来回答问题。"另一个孩子更是十分沮丧。

晚上，戴眼镜的男生在日记本上写下这样一段话："老师不喜欢我，因为我每次考试都在八十分以下；老师不喜欢我，因为我写的字没有班长的好；老师不喜欢我，因为我的阅读量没有张杰的高；老师不喜欢我，因为我的成

绩没有蒋智那么好;老师不喜欢我,因为我没当上小队长;老师不喜欢我,因为我太笨了,没有王川聪明;老师不喜欢我,因为我的作文没有张丽写的好;老师不喜欢我,所以总是批评我。既然老师不喜欢我,我上学有什么意思呢。"

父亲看到孩子的日记,陷入了沉思。

老师真的只喜欢学习成绩好的孩子吗?案例中孩子所列举出来不被老师喜欢的理由是牵强的。有可能只是孩子不能接受老师的批评而滋生出来的厌学情绪,让他误认为是老师不喜欢自己的原因。孩子在求学生涯中,若遇到赏识自己的老师,那是一件幸运的事情。如果遇到了不那么赏识自己的老师,这也是正常的。"在学校要听老师的话,不然老师不喜欢你了",这是许多父母对孩子的叮咛。然而令许多父母没有想到的是,这句话却成为了不少孩子的心病。"老师喜欢我",渐渐地成了孩子上学的动力;而"老师不喜欢我",则成为了不少孩子害怕上学的理由。

有位心理专家指出:"有些父母认为孩子怕老师是件好事情的想法是错误的。一般来说,孩子惧怕老师是因为不能忍受巨大的心理落差。这些家庭中的小太阳,感到自己在集体中不被重视,认为老师对自己冷淡的态度,或者不能接受老师的批评而产生的抵触情绪。"面对孩子这样的情况,父母该如何教育呢?

**心理支招:**

1. 与老师多沟通

对于父母来说,应该主动与老师多沟通,及时地了解孩子在学校的情况,同时,将孩子在家里学习的情况告诉老师。如此沟通,有助于老师和家长都更好地了解孩子,帮助孩子,对共同教育孩子、避免孩子对老师产生抵

触情绪是十分重要的。

2. 与孩子说说知心话

如果父母发现孩子对老师有了厌恶、抵触的情绪，也不要随便就责怪孩子，或是批评孩子，要与孩子交心，积极给孩子创造一个宽松、自由发表意见的氛围。耐心询问孩子“为什么你不喜欢老师呢?”让孩子说出自己内心的真实想法，有的放矢地对孩子进行心理疏导。

3. 引导孩子换位思考

如果发现孩子有厌恶老师的抵触情绪，要耐心地教育孩子进行换位思考，引导孩子站在老师的立场想问题，让孩子体谅老师的难处，从而达到有效改善师生关系、减轻或避免孩子对老师的厌恶、抵触情绪。

## “仇恨”老师的心理不可忽视

**家长的烦恼:**

心理咨询室的老师接听了这样一个电话:“我姓王，正在为女儿雯雯的事情着急。她到一所重点中学上初中之后，原来喜欢学习、成绩不错，可近来她英语成绩越来越差，我已经连续几次被老师请到学校去了。与孩子聊天中发现，雯雯的成绩下滑和她的英语老师有关系，雯雯说，一看到英语老师就烦，根本不想听英语课、也不想写英语作业。可我了解那位英语老师特别负责任，是一位相当优秀的老师。”

心理咨询师问道:“你问过你雯雯吗? 她为什么不喜欢英语老师?”王先生回答说:“我问她为什么不喜欢英语老师，她很生气地说‘英语测验，我错

了五个单词，英语老师罚我每个单词抄写十遍；平时上课的时候，英语老师明明知道我在语法方面的知识掌握的不好，但每次有语法问题的时候，他总是提问我，害得我当众出糗；还有，每天都布置一大堆作业，烦都烦死了。'你说，这该怎么办呢？我该怎么改变她对老师的看法呢？"

对这样的案例，心理咨询师模拟出了这样一个亲子对话：

孩子十分生气地说："语文课听写词语，我错了六个字，语文老师就惩罚我每个词语抄写五遍，这样的惩罚太重了，我讨厌这样的老师。"父母假装很同情："只是错了几个字而已，就罚你每个词语抄写五遍，这个惩罚确实有点过分，假如我遇到这样的老师，我也会不喜欢他的。"孩子询问道："您读书的时候也遇到过这样的老师吗？"父母回答说："是啊，当时就觉得老师太过分了，不会的题目也要再写几遍，卷子上出错的题目，需要反复练习，许多学生都不喜欢老师，结果功课越来越差。"孩子奇怪地问："那您对老师没意见？"父母回答说："和你现在一样啊，也不满意，但想到学习是自己的事情，如果我做得更好，老师就不会罚我啦。于是，我更努力，才考入大学。"

孩子不喜欢老师，"仇恨"老师是导致孩子厌学的直接理由，但是，孩子为什么会那么讨厌老师呢？有几种情况：有的孩子没有得到老师的重视，在课堂上很少提问他，没有给孩子一定的工作任务；有的孩子对某科目的学习缺乏兴趣，成绩不好，即使老师没有批评、责备他，他也不喜欢这个科目的老师；有的孩子因为纪律问题或者个别错误受到老师的批评，使得孩子滋生出"仇视"老师的心理；还有的孩子则是被老师冤枉过，但老师又没认真承认自己的错误，使得孩子耿耿于怀，心里委屈而产生怨恨情绪。

所谓"亲其师，信其道"，如何才能使孩子与老师亲近起来呢？

**心理支招：**

1. 不要批评指责孩子

如果孩子不喜欢某位老师，不要生硬地、直接地批评指责孩子。耐心询问孩子不喜欢老师的真实原因，在倾听过程中，父母不要急于表达自己的态度，给孩子一个发泄、倾诉的机会。

2. 对孩子进行尊师教育

了解了孩子不喜欢老师的真实原因之后，父母要对孩子进行尊师教育，告诉孩子："老师也是人，和我们一样，难免有缺点、错误，他也是不完美的。可能老师的观点有所欠缺，可能误解了你，这是可以理解的。如果仅仅因为老师的这些缺点而不尊重他们，这是不对的。不管怎么说，老师是长者，是值得你尊敬的。"

3. 主动与老师多沟通

父母要主动多与孩子的老师沟通，向老师询问孩子在学校里的表现，取得老师的帮助和支持。同时，让老师多关心孩子，包括提问、鼓励、表扬，建议老师多给孩子一些关心，比如改作业时详细一些，主动找孩子谈谈心，等等，促使孩子改变对老师的看法。

4. 妙用激将法

老师大多喜欢那些成绩优异的学生，而对那些个性比较强的孩子，父母可以妙用激将法："老师不是不喜欢你吗，你就学好他教的课气气他。"这样，孩子成绩好了，与老师的关系自然就会好了起来。

# 孩子“偏科”的背后

**家长的烦恼：**

罗妈妈眉头紧皱，她讲了一件自己担忧的事：我儿子在八九岁的时候，就对乡下田地里出现的碎瓷片很感兴趣，经常捡一些回家收藏，之后还买了许多陶瓷的书籍阅读，我们都觉得他对这方面很有天赋。

进入高中之后，他对青铜器和古文字的研究更是到了痴迷的程度，常常一个人关在房间里看考古方面的书。可是，面对他这样的情况，我们却很担忧，他的语文成绩很突出，但英语和数学却相对比较弱，拖了后腿，我真的很着急。由于受到数学成绩的限制，想考更好的大学有点难。我们希望孩子能把数学和英语成绩补起来，但孩子却说“我就喜欢考古，不喜欢数学和英语”。我真不知道该怎么办呢？现在模拟测试成绩出来了，由于数学和英语的牵绊，孩子的分数离一本大学还有很大一段的距离，恐怕他是空有一技之长，也是深造无门啊。

孩子偏科的现象是普遍存在的。有数据显示，大约有21%的小学生有偏科现象，到了高中，偏科学生的比例达80%。对此，教育专家提醒，孩子偏科的问题应越早发现越好，只要父母正确引导，找到孩子弱势科目的原因，就可以避免偏科。

造成孩子偏科的原因是多方面的：首先是孩子的心理因素，由于父母过多表扬和无意识的暗示，使孩子产生了认识偏差，认为自己只要某科学得好，别的都不重要。在青春期，由于个体差异，有的孩子在逻辑和抽象思维

方面没有形象思维发展快，会出现偏科现象；其次，孩子在学习过程中没能把每科知识点细化，一旦学习有难度，孩子就会逐步失去对该学科的兴趣；第三，孩子不能跟随老师学习，不能理解老师所讲述的知识点，不能完成作业，这些都有可能造成偏科。

**心理支招：**

1. 不要给孩子偏科的心理暗示

许多父母在发现孩子偏科现象的时候，会忍不住说“啊，英语确实太难了”、“我以前读书时也是作文总也写不好”，如此，就会给孩子偏科的心理暗示。可能有的父母只是想给孩子一点鼓励，告诉孩子自己曾经也遇到过这样的困难。但是，对于孩子来说，这样的话很可能给孩子带来的是偏科的心理认同教育，暗示孩子“偏科真是没办法纠正”，将加重孩子的偏科程度。

2. 对待孩子偏科现象，摆正态度

父母对孩子偏科是什么态度？调查数据显示，有20.93%的父母选择了“几乎完全不能接受，孩子一定要全面发展”，58.14%的父母选择“一定程度上可以接受，甚至有的还鼓励孩子偏科”，其余的父母则选择了“任凭孩子自由发展”。心理学家认为，父母持有的观念，决定着在纠正孩子偏科中的分量和作用。

3. 培养孩子对弱势学科的兴趣

“兴趣是最好的老师”，有的孩子偏科就是对该学科缺乏兴趣，父母应想办法培养孩子对弱势学科的兴趣，多给孩子讲这个科目在现实生活中应用的事例，让孩子从心理上自觉消除厌恶感和抵触感。

另外，你可以找孩子偏弱学科的老师多谈谈，让老师鼓励孩子学好这门功课。如果老师能细致地关心孩子，帮助孩子，那么一定会收到“春雨润物细无声”的效果。

# 引导错误，让女孩更害怕理科

**家长的烦恼：**

一对母女走进了心理咨询室，母亲开口诉苦："女儿一直以来就偏好文科，不喜欢理科。以前，她的理科成绩再差也能及格，但现在越来越差了，数理化三科加起来还不到60分。马上上高二了，我真是急死了。"心理咨询师问："你对女儿的偏科有什么看法呢？"母亲不以为然地说："作为母亲，我理解她，我也是学文科出身，我觉得女孩子读理科太累了，文科相对要轻松很多，将来工作也轻松。"

听了母亲的话，心理咨询师说道："看来，是你们的引导，使得你女儿的偏科越来越严重。"母亲一脸茫然："这怎么能说是我们引导错误呢？本来，理科对于女孩子来说就是一道难关，女生逻辑思维不行，更擅长于文科。我们也是根据孩子的情况而定，难道有错吗？"

难道我引导女儿学文科真的有错吗？母亲的疑问反映了大多数父母的困惑。在人们传统的观念中，似乎女性更多地应选择教师、文秘、新闻、艺术等职业，而学理科不是很适合女性，尤其是跟体力有关的工科。在中学校园里，理科班大多是男生，只有寥寥几个女生，女生大部分被定义为"文科生"。之所以说女生"被"定义为文科生，是因为长期以来，受到社会和人们对于女孩子应学文而排理观念的影响。

一位刚上高一的女生这样说："班主任说上了高中后最大的难关就是数理化，理科一直是我的弱项，这下子我更恐惧了，听说女生上高中后理科学

得不如男生，导致总体成绩下降，真的是这样吗？"这位高一女生的忧虑反映了大多数青春期女孩子的心理，而在这样的情况下，父母对于孩子的引导也起了误导的作用，许多父母不忍心孩子吃苦，总觉得"女孩子学文科就差不多了，没必要去读理科"，父母的这一观念让女孩子更害怕理科，偏科现象更严重。

一位高中物理老师在两年教学中，总结出这样一段话："我发现班里的女生物理成绩明显不如男生，是什么原因呢？并不是高中女生变笨了，而是存在着性别差异和心理差异。从生理上看，男女生在智力相同的条件下也有不同的特点，男生的逻辑思维、抽象思维占优势，而女生擅长于形象思维。而物理等理科需要靠的恰恰是逻辑思维，因此，女生在学习理科会存在一定的困难；从心理上来说，高中女生敏感多愁，情绪稳定性差，她们存在一定的自卑心理，曾有一位成绩优异的女生告诉我'老师，我很自卑，我觉得什么都不如人家'，在这样的心理特点上，她们觉得理科更加困难，偏科的现象更严重。"

但是，教育专家却认为："女生更有学理科的优势，相对于男生，女生贵在能够沉下心来，记忆力好，虽然反应可能不及男生快，但只要将勤补拙，学习理科不会比男生差，尤其在准备率方面，女生会高过男生。"

**心理支招：**

1. 摆正心态，引导孩子纠正偏科现象

女孩子偏文科现象严重，除了其本身的生理、心理特点以外，还有父母的错误引导。对此，父母要摆正心态，引导女孩子培养对理科的兴趣，比如"理科学习好了，可以帮助你掌握一门真正的本领，在生活中是很实用的"。

2. 让孩子学会动手

男孩子为什么逻辑思维、抽象思维那么好，因为男孩子比较调皮，喜欢

动手拆东西，组合新的东西。在许多化学、物理的实验课上，许多女生都是站在一边看男生做实验，自己则只抄一个数据，这样对学习是很不利的。对此，父母要鼓励孩子，要敢于动手操作，告诉孩子："理科是一门以实验为主的学科，许多知识需要在实践中体会。"

## 排名——让孩子不堪的压力

**家长的烦恼：**

在某中学门口，几位家长和老师诉起了烦恼，一位父亲说："孩子才上初一，已经长出了两根白头发，这可怎么办？看到孩子早生白发，自己觉得很伤心。"这话一说，引起了在场家长的共鸣，一位母亲说："别看孩子才上初中，承受的压力并不少，学校每次考试都排名，孩子既痛恨又无可奈何。每次考试回来，总是一副愁眉苦脸的样子，我知道，孩子很担心自己名次下降了。作为父母，看见孩子这样，真是心疼啊。"

一位家长深有同感，他讲述了自己孩子的事情："我儿子今年十五岁，下半年考入一所重点高中。入学几个星期之后，学校进行了一次考试，儿子从入学时的班级前20名一下子滑落到30多名，顿时，一股无形的压力随之而来，对他来说，这样的压力是前所未有的。现在，学生的座位也是根据学生成绩来安排的，成绩好的前几排就座，孩子们的压力真大啊！"

对家长的烦恼，许多老师表示很无奈。某老师说："我觉得公布考试排名，对孩子来说是不利的，本来学习压力就很大，加上排名就压得孩子更喘不过气来，做了这么多年的老师，我也深感无奈。"

长期以来，人们习惯用“成绩排名”作为激发孩子努力学习的重要手段。孩子的成绩在班里排在什么位置，在年级里排在什么位置，属于差生还是优等生，老师和父母都很清楚。虽然，成绩排名在某种程度上来说，这是一种挫折教育，但是，也会给孩子心理造成巨大的心理。一位深感排名压力的孩子说：“读小学的时候，老师不给学生打分数，更不能公开成绩，一般用‘优’、‘良’等替代分数。谁知道一进了初中，各种排名接踵而来。为了刺激我们的上进心，每逢考试，老师必定当着全班同学的面儿，一一公布成绩和排名，这让我们这些排在后面的学生心里很受伤。”据教育专家调查发现，75%的学生对公布分数和排名次感到紧张、害怕，不少学生听完分数后会在课堂上哭起来，还有一些即使在课上不表达，回家也会偷偷抹眼泪。

作为父母，应该及时与孩子沟通，帮助孩子缓解压力，正确看待自己的成绩，真正达到激励孩子进步的目的。

**心理支招：**

1. 积极引导孩子正确对待“挫折教育”

其实，排名也是一种挫折教育，在成绩隐性排名的过程中，让孩子体验到挫折，从而不断成长。初中升高中、高中升大学，有哪一次考试能离开了排名呢？可以告诉孩子“如果不进行比较，怎么知道你进步没有呢?”这样，孩子如果哪次考试名次降低了，就会奋起直追。

2. 理性引导孩子正确对待排名

当意识到孩子正在为成绩排名压力而烦恼的时候，某位父亲是这样做的，他与儿子进行了一次谈话，先给孩子讲述了自己在中学阶段和参加工作后如何战胜压力的故事，然后回顾了儿子在小学和初中的“辉煌史”，增强孩子的自信心。他对孩子说：“儿子，物竞天择，适者生存啊！你将来走入社会

不可避免地会遇到竞争，要想有一番作为，就得不断提高自己的实力，战胜对手，有竞争才会有压力，只有先扛住了压力才能赢得最后的胜利。”

3. 不要太关注孩子的成绩排名

面对成绩排名，孩子既然感觉到了压力，那就表示他有上进心。作为父母，这时就不要再给他施加压力了。父母的关注对于孩子来说也是一种压力。孩子考试回来，父母不要问：“今天考得怎么样？”而是问：“累不累？赶快去休息一下吧。”

## 一到重大考试就发挥失常

**家长的烦恼：**

最近要考试了，和大多数父母一样，林妈妈也陷入了焦虑中。中午吃饭的时候，几个同事坐在一起议论开了，“平时孩子倒有说有笑挺轻松的，一到考试就紧张了，天天在我跟前说‘不想考试，讨厌考试’，这可怎么办呢”、“我家田田也是，平时活泼机灵，看起来很轻松，但一到考试整个人都懵了，每次到了期中期末考试都紧张得手心冒汗，有一次考试，她还紧张得生病了”、“我家孩子更厉害，每次考试都想逃避，不是生点小病就是出点事情，只要一听说考试，不仅孩子紧张，连我都紧张了”。听了同事们的聊天，林妈妈也加入到了其中：“最近孩子老是心神不定的，好像书也看不进去，几次跟我说‘妈妈，要是我没有考好，你会很失望吗？’我知道，孩子若是这样，考试肯定会发挥失常。”几个同事中最有经验的王太太说：“可不是，孩子一紧张，考试还能考好吗？以前，我孩子每逢大考就紧张，我都不知道怎么办了，后来，我

咨询了心理专家，找到了孩子的心理特点，才算找到了办法。”

几位母亲所描述的孩子的症状，其实是典型的考试焦虑症。考试焦虑症是指孩子在应试教育的情境下，通过不同程度的情绪性反应表现出来的一种心理状态。有的孩子焦虑情绪达到了很严重的程度，就有可能发展成为考试焦虑症，所造成的后果是考试发挥失常。

在现实生活中，考试焦虑症是目前孩子存在的最为普遍的心理问题之一。他们大多会感到不同程度的学习困难，诸如记忆力下降、精神不集中、注意力分散等等。有的孩子还会出现“记得很熟的知识怎么也想不起来”、“题目看了很多遍，却不知道是什么意思”。与此同时，孩子身上还会出现一些生理反应，比如容易疲倦、厌食、心跳加速，等等。数据显示，大约有10% ~15% 的孩子对考试存在着不同程度的焦虑。造成这样心理的原因大多是由于考前准备不足，对自己缺乏信心，以至于考试前紧张，考场发挥失常。

教育专家认为，那些学习基础比较差、性格比较内向、学习方法不够灵活的孩子容易产生考试焦虑症。他们比较敏感、多虑，对自己缺乏自信，很容易产生考试焦虑症。另外，还有一些过分注重自己考试成绩、担心自己考不好的孩子，即使他们平时成绩很好，但在考试之前也很容易陷入紧张状态。

**心理支招：**

1. 切忌对孩子做一些错误的消极暗示

有的父母只要看到孩子面无表情的样子，就忍不住说“完了，你这次的成绩肯定糟糕透了吧”，如此消极的语言会给孩子错误的暗示，孩子大脑里会产生错误的信息，比如“我没考好，爸妈会受不了，老师也会另眼相看”。对此，父母应该给予孩子积极的心理暗示，比如“只要你尽力了，努力，就可以问心无愧了”，以此使孩子身心得到放松。

2. 帮助孩子正确看待考试

父母鼓励孩子争取好的成绩，但要让孩子明白一个道理："考试的分数只代表对过去所学知识的掌握程度，并不代表你解决问题的实际能力。事实上，考试分数的高低不能决定什么，更别说决定你的未来。"

3. 教会孩子一些缓解压力的方法

考试前，父母可以教给孩子一些缓解压力的方法。比如，深呼吸，边做深呼吸边想象一些美好的事情，这样可以有效缓解压力；还可以让孩子试着想象一下宁静的海或森林，以达到放松身心的目的。

4. 不要给孩子增加心理压力

有时候，父母的行为会给孩子增加心理压力，加剧孩子的考试焦虑症。比如，对孩子期望过高，总拿自己孩子与别的孩子比较；考试期间，包办所有的家务，不让孩子干活；经常看日历，提醒孩子快考试了，等等。这些言行都无形中让孩子背上沉重的心理压力，他们很容易产生焦虑情绪。

## 对未来迷茫，感到学习无用

**家长的烦恼：**

走进心理咨询室的是一位脚步蹒跚的家长，他讲述道："孩子马上就高三了，临近高考了，可他学习越来越不像样，昨天回到家，我叮嘱他好好学习，没想到，他生气地说：'学习，一天就知道让我学习，学习有什么用啊？你没听说过，百无一用是书生吗？那么厚厚的书本能当钞票使吗？'我一听，火冒三丈，吼道：'那你现在这个年纪，不学习，能干什么？你想清楚没有，你的

未来到底是怎么样？'儿子听我这样一说，立即就变得垂头丧气，他向我抱怨，说读书没用，但是，又不知道自己能干什么，对自己的未来很迷茫。你说，我都这把年纪了，我就这么一个孩子，他说不想读书就不想读书，我这做家长的该怎么办啊？"

这些年来，青少年心理门诊就诊人数正在逐年上升。本来，这些孩子都应当是朝气蓬勃、无忧无虑。然而，如今，越来越多的孩子张口闭口就是"郁闷"、"迷茫"、"无聊"。对于这样的情况，一家心理咨询室作了"青少年心理健康"的调查，结果显示：有85%的初中以上的孩子直言自己"没有梦想"，许多孩子表示"对于自己的未来非常茫然"。

一位正处于迷茫的青少年这样说："小学的任务就是考上好的初中，初中的任务就是考上好的高中，上好的高中是为了上好的大学。终于上大学了，我却不知道自己的前方到底是什么？我该何去何从？"差不多这个年纪相当的孩子，都表示说"没什么梦想"，根本不知道"何谓梦想"。同时，他们觉得学习没用，有孩子说"亲眼看到读到博士后的人却过着清贫的生活，不知道这到底是为什么"。一方面，是社会的现实在刺激着他们，让他们开始质疑自己一直以来坚持的东西是否错了；另一方面，从小凡事由父母做主，渐渐地，他们已经丧失了追逐梦想的激情。

从古至今，在社会上，读书无用论从未消失过。台球神童丁俊晖不读书，照样拿世界冠军；青年作家韩寒，高中严重偏科，后来干脆辍学当起了作家，而且，其作家之路可谓是风生水起。等等，这样一些鲜活的例子冲击着孩子们的心理，逐渐使孩子们开始怀疑"读书是没用"的这一论断。作为父母，不能让孩子只盯着所谓成功的捷径而无视知识对一个人健全成长的重要性。"许多大老板没什么文化，有文化的却只能给人家打工"，这是许多青少年脱口而出的话。对于孩子这样的观点，父母十分担忧，甚至，不知道该

怎么样和孩子沟通。不过，如果孩子不能及时明白这些道理，他就会一直这样迷茫下去。

**心理支招：**

1. 引导孩子树立正确的观念

从事多年教育工作的韩秀珍老师说："孩子不喜欢读书、认为读书没用，有两方面的原因：一是学习很苦很累，二是受父母以及周边人的影响。如果是受父母以及周边人的影响，父母应该告诉孩子这种看法太片面。告诉孩子：如果某某多读几年书，可能现在的状况会更好。"

如果孩子觉得学习太苦而认为读书是没用的，那么，父母应该告诉孩子："世界上没有哪个国家的学生会认为读书是一件轻松的事情，现在是打基础的阶段当然会辛苦一点，但知识多了，将来应付困难的方法就越多，学习其实就是苦中作乐。"同时，父母不要经常在孩子面前抱怨工作多累多苦，这会给孩子一个不好的印象，影响孩子面对挫折时的态度。

2. 帮助孩子找回梦想

大多数孩子对自己未来很迷茫，那是因为他们失去了自己的梦想。心理专家介绍说，许多青少年不了解"我是谁"、"我的梦想是什么"，他们的人生被父母设定了，而他们也失去了自己的梦想。

每个孩子都有一个梦想，这颗梦想的种子在心灵的土壤中等待被发现。一旦孩子确定了自己的目标，那颗种子很快就会萌芽、不断生长。对此，父母需要重新审视自己在孩子人生路中充当的角色，耐心问孩子"你想成为什么样的人"、"你的梦想是什么"，帮助孩子找回失去的梦想。一旦孩子觉得学习是为了实现梦想，那么，他就不会觉得学习是无用的，当然，也不再会感到迷茫了。

# 第 7 章

## 会交友交益友，引导孩子提高交际能力

青春期，由于孩子生理及心理的变化，使得他们的心理变得异常敏感，很容易患社交恐惧症。他们害怕与人交流，尤其是面对陌生人或者异性的时候，更是束手无策、面红耳赤，连句完整的话都说不出来。对此，作为父母，应该帮助孩子矫正交际心理，战胜社交恐惧症。

# 帮助孩子跨过青春期交际障碍

**家长的烦恼：**

电话那边，戴先生讲述了自己儿子的病例：我儿子今年 17 岁了，是一所普通高中二年级的学生，我和他妈妈都是大专毕业，在机关工作，我们家族都没有精神疾病的历史。因为家里就他一个男孩，全家人对他都很疼爱，不过，他爷爷对他要求严格，希望他将来可以作出一番大的事业。他从小就很腼腆，不喜欢说话，家里来客人了，他经常躲而不见。上学这么多年，他都没什么朋友，平时不上课就窝在家里。

现在他读寄宿高中了，开始感觉到很多事情不顺利，他很苦恼，常常抱怨，一副不知所措的样子。前不久，他说在学校中一个女生无意中用余光瞄了他一下，他就觉得对方在警告自己。从此，他更害怕与人打交道了，尤其是遇到异性，他就很紧张，注意力无法集中。严重的时候，发展到与同性、与老师不敢视线接触。他常常对我说："爸爸，我很痛苦，好苦恼，可又不知道该怎么办？"看见儿子这样，我真的很痛心。

人际关系是处在青春期中学生中最常见的心理问题，是导致各种神经症状的主要因素，人际交往障碍影响了孩子的正常学习和生活。在案例中，长期宠溺的家庭生活使得孩子很难独立适应学校的生活，自理生活能力很差，形成了孩子不良的人格特征。而在青春期这个特殊的生理、心理发育时期，孩子一方面十分渴望获得友谊和建立良好的人际关系；另一方面又有很强的自我意识与独立性。再加上孩子第一次离开家庭，他的心理健康水平

比较低，自我调整能力差，以至于形成了一些不正确的认识和观念。所以，他很难适应新的人际交往和学校环境比较复杂的关系，从而导致了人际交往障碍。

许多处于青春期的孩子都有人际交往障碍，他们心里有很多苦恼："我性格内向，不愿和别人交往，我挺烦的，怎样才能做一个善于交际的人呢?"、"我是一个男孩，我想说的是，我无论和男的或女的说话时，不敢看对方的眼睛，手一会儿挠头一会儿揣兜，不知道该怎么办?"、"我太在乎别人对我的看法，和别人沟通时，我都担心别人怎么看我，尤其是面对比较重要的人，我还有点自卑"、"我觉得我自己心理上有问题，很多时候很想跟别人聊天，但又不知道有什么好聊的，很多时候我很害羞，说话也不敢大声，我感觉自己好胆小好内向"。从孩子们的心声中，我们可以看多他们中的大多数只是性格内向不善于交际，或是不懂得社交的艺术，而导致社交过程中出现不适，而并非他们不愿意与人交往。

心理专家称，在青春期，孩子们很容易患上社交恐惧症，严重的还会发展成社交恐惧症。在青春期，一个人生理和心理都要发生急剧的变化，如果在这一阶段遇到心理问题，没有解决好，就很可能影响他们将来的升学、求职、就业、婚姻等一系列社会化进程。

**心理支招：**

1. 父母要做好榜样

在一个家庭里，父母俩人要和谐相处，对于社交有浓厚的兴趣，用自己的社交行为为孩子作出的典范。如果父母平日里总是吵架，对孩子的教育意见出现了分歧等，这些情形都会让孩子感到不安、畏惧，甚至，丧失自信心。因此，父母要做好榜样，彼此和睦一些，自然而然，孩子对交际就没有畏

惧了。

2. 鼓励孩子与同龄孩子交往

现代社会，大多数家庭都是独生子女，虽然许多孩子能受到父母良好的教养。但是，如果他们缺乏与同龄孩子的交往，其身心将不能健康成长。孩子在与同龄人的交往中，会遵守共同的规则，学会了交往，学会了尊重别人的权利。而且，从其中还可以学到如何与人合作，如何交朋友。

## 孩子是独来独往的自我派

**家长的烦恼：**

小娜以出色的成绩考上了一所重点中学，可才上学没几天，小娜突然对妈妈说："我不想上学了。"小娜是一个内向的孩子，不愿意与人交往，她很少与人主动打招呼，在同学中关系比较好的也只有那么一两个，平时独来独往，显得很不合群。来到新的学校，一切对小娜来说都是那么陌生，她没有伙伴，感到自己备受冷落，认为自己不被别人喜欢，心里非常难过，小娜说自己似乎不是这个班集体的人，没有人理会她。

当小娜说了自己的情况之后，妈妈也没多在意，只是鼓励说："你要主动与同学交往，与他们交朋友。"过了一段时间，小娜基本上不与同学来往，很少参加集体活动，与同学之间的感情越来越淡漠，她在日记里写到："我感觉在学校里没有人了解自己，信任自己，帮助自己，孤独感和自卑感时刻笼罩着我。"妈妈也感觉到小娜情绪很不稳定，时而抑郁，时而焦虑，痛苦至极。由于情绪不稳定使得学习精力很难集中，效果非常差，成绩也急剧下降。看

见女儿这样，妈妈很着急。

当心理医生给小娜作“我是什么样的人”自我评价的测试时，小娜只写出了三条自己的优点，其余都是自己的缺点和不足。从这些可以看出她对自己评价很低，缺少内在的自我价值感。通过沟通，心理医生了解到小娜的爸爸不喜欢女孩子，一直想要一个男孩，所以，从小到大爸爸都很少欣赏、鼓励、赞美她，正是爸爸重男轻女的偏见，造成了女儿的自卑和痛苦，也间接形成了小娜的人际交往障碍。

人是生活在各种人际关系中的，与人交往，是人的一种心理需要，交往对青少年的成长有着特殊意义。心理学家指出：“人们总是希望有人与他进行交流，从而摆脱孤独与寂寞；希望参与具体活动，希望加入某一群体，并为之接纳，从而获得归属感。这样，快乐时有人与你分享，痛苦时有人为你分担，迷茫时有人给你指点方向，困难时有人给你帮助，忧伤时有人给你安慰，气馁时有人给你打气。通过交往，人们能够寻求心灵的沟通，能够寻找感情的寄托。”

**心理支招：**

通过大量研究发现，在良好的人际关系中成长起来的孩子，在成年之后更容易获得成功。许多教育家也认为，学生时代的友谊会影响一个孩子交友的习惯、自尊心，其程度几乎相当于父母的关怀。如果孩子没有朋友，或者说不被同伴所接纳，那么，即使他后来取得了很大的成功，但他心理还是有一种不安全感和不满足感。

1. 利用互惠心理，引导孩子交朋友

一位心理学教授曾做了一个实验：他在一群素不相识的人中随机抽样，给挑选出来的人寄去了圣诞卡片。结果，大部分收到卡片的人，都给他回了

一张。那些回赠卡片给教授的人，根本没有想过打听这个陌生人是谁，他们回赠卡片的原因在于他们不想欠别人的情。

对此，父母可以建议孩子在朋友过生日时送份礼物，过年过节给朋友发一个问候的短信。对朋友慷慨大方、殷勤好客，乐施小恩小惠给自己渴望结交的朋友，比如，帮对方做事、送礼物给对方、邀请对方看新买的书，等等。朋友们也一定会给孩子回馈的，常来常往，孩子的朋友就会多起来。

2. 为孩子制造结交朋友的机会

如果孩子经常是独来独往，缺少朋友。那么，父母可以为孩子穿针引线，制造一些结交朋友的机会。现代社会，一个家庭往往只有一个孩子，而孩子总是独自一个人自家，自然不容易交到朋友。父母不妨做一个中间人，比如邀请朋友、同事或邻居的孩子到家里玩，让孩子热情招待他们。孩子们玩起来的时候，父母应回避，如果孩子玩过了头，父母应温和建议“玩得太久了，要不约个时间下次再玩，好吗？”

3. 引导孩子处理交际中的问题

孩子在与朋友交往的过程中，难免会出现这样或那样的问题。这时，父母应留心观察，耐心地给予指导，如果孩子与朋友之间出现了矛盾，父母应及时了解原因，帮助孩子分析，引导孩子自己去化解矛盾、处理问题。

虽然，心理比较自闭的孩子需要父母的引导，但是，父母也应给孩子一定的自主权，让孩子在合理的范围内自己做决定，这样才有利于孩子的健康成长。在选择朋友方面，父母不要干涉太多，否则，效果会适得其反。

## 优柔寡断，孩子不懂得拒绝他人

**家长的烦恼：**

这是一封不愿意透露姓名的父亲的来信：

老师，您好！我最近一直很担心孩子的社交问题，他一向很听话，从来没让大人着急过，但是，最近我发现了他做事优柔寡断、不懂得拒绝别人，常常搞得他自己很苦恼。前不久，儿子透露说，班里有一个女生给他写了一封信，我和他妈妈都很开明，就对他说："这件事，你自己得与那个女生沟通，委婉拒绝他。"当时，他答应了，可过了几天，他妈妈再次问他的时候，他却说："我不知道该怎么拒绝她，万一伤害了她怎么办？"我们建议他想好了话再说，没想到，这事情一拖再拖，这不，那女孩子又写了第二封信了，他很苦恼。但是，我觉得完全是因为他优柔寡断、不懂拒绝的个性，将本来很简单的事情复杂化了。

平日里，我们都教育他要热情善良、大度礼让、乐于助人。但是，没想到他这样的个性在学校过得并不舒坦，他上高中一年多，由于同学的要求，他经常帮同学们借书、买饮料、跑腿、锁自行车、拿衣服……他自己舍不得花的零用花借给同学，同学没再提还的事情，儿子也不好意思要，只能在家生闷气。他每天回来都跟我说："爸爸，我觉得好忙，好累。"刚开始的时候，我并不知道真实情况，后来，问他才知道他对于同学们的要求从来都是不拒绝的。看见儿子越来越壮，我怎么就不明白了，怎么会那么优柔寡断，不懂拒绝人呢？要真是这样，将来怎么能成大事呢？

在这封信中，父母告诉孩子要热情善良、大度礼让、乐于助人，这样的教育是正确的。但是，孩子的问题在于，父母只重视了道德教育，却忽略了孩子的社会化教育。社会化教育的缺失让孩子在与人交往时显得心智不成熟。作为一个社会人，我们每一个人都不能脱离社会而独自生活。假如孩子不懂得果断做决定、不懂得巧妙拒绝别人的不合理的要求，如何安地表达自己的不满情绪，那么，孩子在整个社交活动中只会感觉到很累。

心理学家认为，一个人遇事反反复复、犹豫不决，总拿不定主意的现象是意志薄弱的表现，它直接影响着一个人选择能力的形成，而选择能力的强弱又对人的成功与否起着至关重要的作用。在人生中，有的选择会直接影响自己或他人的一生的命运，而优柔寡断、犹豫不决正是选择的大敌。

将来，孩子要独立面对纷繁复杂的社会局面，这时，身边没有父母的话可以听，而自己又拿不定主意，不懂得拒绝人，那可能是要误事吃亏的。因此，做父母的要尽量教会孩子有自己的主见，懂得巧妙拒绝他人，教会孩子学会对自己负责，锻炼他们“拍板”的能力。

**心理支招：**

1. 不要将孩子禁锢在“听话”的藩篱之内

一直以来，父母的教育方式就是让孩子听话，听话的孩子就是好孩子，无论大事小事，需要孩子服从。对此，心理专家说：“胆小怯弱的孩子所接受的家庭教育，要么是父母管教比较严苛，要么是父母俩人的教育态度不一致，一方太强，一方太弱。父母在设置了一些禁令之后，只会让孩子服从、听话，而不告诉孩子为什么要这样去做，很少倾听孩子的意愿。在家里要求听话的孩子，难免将这种人际交往方式迁移到与他人的交往中，因此，他们总是处在一种人强我弱的位置，对于他人提出的不合理要求，他们也不懂得拒

绝。因此，父母不要总是要求孩子做这做那，而是倾听孩子的意愿："你打算做什么样的决定？"

2. 鼓励孩子当断则断

有的孩子遇事犹豫不决，一个重要的原因就是怕自己考虑不周全。虽然，考虑周全是无可非议的，但追求万事完美，就会错失良机。父母应该让孩子懂得，凡事有七八分把握，就应该下决定了，这样可以锻炼孩子形成果断的性格。

3. 教会孩子以商量的方式拒绝

拒绝别人，有时需要和对方磨嘴皮子，一直到对方认可自己。比如，碰到比自己小的孩子想要玩比较危险的游戏，你可以教会孩子这样拒绝："你太小了，还玩不了这么大的车，太危险了，碰着你会流血的，等你长大了，我再教你玩，好吗？"

4. 引导孩子安全地表达自己不满情绪

许多同学在家里做惯了"小皇帝"，在学校，他们也总是指使身边的同学做这做那，如果孩子不懂巧妙拒绝的话，那就可能要受欺负了。因此，对于那些不合理的要求，父母可以引导孩子安全地表达自己的不满情绪，比如"刚才做了那么多作业，我已经很累了，不好意思"。

## 不要过多限制孩子的交际权利

**家长的烦恼：**

一位妈妈讲述了这样一个故事：

那天，我们一家人坐在家里看电视，我还特意去弄了一盘水果。正看得起劲的时候，电话铃响了。15岁的女儿一下子跳起来，喊道："我来接。"她跑进自己的房间，拿起电话还不忘跑到门口把门关起来。这一系列动作让我和她爸爸惊愕不已，我们交换了一下眼神，彼此看到一个问号：这个电话就像是早就预约好的？为什么要到自己房间去接听呢？为什么要关上门呢？难道？我和他爸爸从来没这样的"心有灵犀"。

她爸爸用眼神示意我，我悄悄地拿起电话，听到一阵快乐的笑声，或许太紧张，我不禁咳嗽了一声。这时，女儿在屋里大声说道："先不说了，我们家有窃听器！"然后，"啪"的一声，电话挂断了。我惊恐地望着女儿的房门，但是，那扇门却久久没有打开。

过了很久，女儿才开始跟我说话，当我们再次谈到这件事的时候，女儿眼里蓄满了眼泪，她说："其实那个电话是一位女同学打来的，我们并没有什么不能让人听的话，我还准备听完电话就把那件好笑的事情告诉你，但是，为什么不相信我，为什么要干涉我交朋友的自由呢？难道我没有自由交际的权利吗？"听了女儿的话，我陷入了沉思。

孩子成长的每个阶段都需要朋友，古人云："近朱者赤，近墨者黑。"许多父母都明白这个道理，他们担心孩子结交了不好的朋友，或者陷入早恋，于是，在孩子的交友过程中，父母或多或少都会进行干预或指导。对于父母来说，你们都是世界观和价值观已经成熟的过来人，但是，在面对孩子交友方面，却一味摆出强硬的姿态，干涉孩子交朋友的权利，如此，产生的效果只会适得其反。

对于父母限制自己交朋友的权利，孩子们有话要说。一位初三的男孩子说："我爸妈经常叫我跟学习好的同学玩，但跟我关系好的同学成绩都很一般。我喜欢跟活泼开朗的同学交朋友，他们性格阳光，容易相处，也像我

一样喜欢运动，我们相处很开心。”另一位初二的孩子也说：“我爸妈管我很严，每天放学回家都要向他们汇报在学校的一切情况，我很烦他们问这问那，更烦的是他们每次都不忘教育我要跟成绩好、品德好的同学一起玩。我其实很叛逆，我反而愿意跟那些成绩差的同学玩，我觉得他们很有趣，也够义气，所以，经常跟他们打成一片。我讨厌父母的干涉，越干涉我就越叛逆。”

心理学研究表明，青少年时期的思维、行动受到过多的限制，活动范围狭小，接触的事物单纯，不与同龄人交往，很容易使心理发生变异、形成孤僻、难以与人沟通和相处的性格。在生活中，有的父母对孩子管得太严，限制干涉太多：参加活动要限制时间、交往要限制对象、外出限制地域、娱乐限制范围，等等，但他们根本忽视了正在走向独立的孩子有怎么样怎么样的心理需求。

**心理支招：**

1. 对孩子交友，应当劝阻，不应包办

对于父母来说，需要给孩子把好“交友关”，特别是孩子沉迷手机、网络聊天的时候，父母应该适当劝阻。然而，对于孩子挑选朋友方面，父母不能太自私或功利性太强，只允许孩子交成绩好的朋友。要知道，假如自己的孩子成绩很优秀，那就有责任去帮助那些成绩差的孩子，如此才能培养孩子的社会责任感。

2. 与孩子成为朋友

交友，首先，父母就应该做孩子的知心朋友，敞开心扉与孩子聊天。通过聊天，孩子才能把心里的疑惑和成长的烦恼告诉父母。而且，这样的聊天是平等，而不是居高临下的，你可以问孩子：“你对朋友有什么要求啊，看我

合不合格呢？”融洽与孩子的关系，自然会帮助孩子解决交友的问题。

3. 尊重孩子的隐私

许多父母抱怨着：“我生你养你，你是我的，我当然有权利知道你的一切，包括你所交的朋友。”实际上，这对孩子是一种伤害。父母应该尊重孩子的隐私，但并不是放任，而是在接触孩子隐私时寻找出最佳的途径，比如，孩子打了电话后，你可以问：“电话打那么久，是不是有人要你帮忙？”

## 观察孩子的择友，了解孩子心理需求

**家长的烦恼：**

秦妈妈讲述了自己与女儿之间的故事：

我是离婚的女人，一个人带着过日子。女儿17岁了，我的愿望是让女儿上个好大学。从小，女儿学习就很好，一直当班长，我经常教育女儿要学会帮助别人：“假如自己有一样东西，要把最好的给别人，帮助别人是一件快乐的事情。”

女儿交朋友我不会干涉，但会密切关注孩子与哪些朋友一起玩。女儿上高二的时候，班上转来一名北方的男孩，个子高高大大的，但比较消沉，学习成绩不太好。女儿回家每次都会提到那个男孩子的名字，我小心翼翼地问：“你为什么总是那么关注他呢？”女儿笑着回答说：“班主任让我课后辅导他的英语，所以我们走得比较近。”我没作声，但有些担心。后来，我跟大多数父母一样做了一些蠢事，我偷看了女儿的日记，跟踪了女儿几次。女儿发现后，开始像敌人一样看我。

在心理医生的帮助下，我先跟女儿道歉，然后与她倾心交谈。谈话中，我了解到女儿的孤独和烦恼，同时，了解到那个男孩子因为刚刚遭遇家庭变故才变得消沉，女儿是因为同病相怜才去安慰他，他们也因此成为谈得拢的朋友。女儿表示以后不会让我伤心，好好读书，但要求放松家规，信任并尊重她。我答应了，直到现在，女儿与那位男孩子依然是很好的朋友，我很庆幸当初没做更坏的事情。否则，我一定后悔终生。

离异家庭中成长的孩子有着敏感的心理，他们害怕自己被人看不起，更容易被那些同病相怜的人所打动。在这个案例中，秦女士及时咨询了心理医生，挽回了与女儿的危机关系。而恰恰是在倾心交谈之中，秦女士才意识到原来女儿是那么的孤独和困恼。其实，在现实生活中，许多父母只关注孩子成绩好不好、生活好不好，但却忽略了孩子的心理问题，而这些问题可以通过孩子的择友体现出来。

青春期是个体从性机能没有作用发展到性机能成熟的阶段，其发展变化迅速而短暂。随着生理在激素作用下的急剧变化，孩子产生了性心理适应问题，其中包括了与异性交往的心理。在青春期，少男少女产生了一种特殊的情感体验，开始进入心理学的异性期，开始对异性感兴趣，并产生思慕心理。在这个特殊的年龄阶段，男女同学之间如果互相产生了好感，他们会一起学习，结伴参加各种集体活动。心理学家认为，孩子热衷于异性交往是成长中正常的生理现象，这种感觉是每个人都会经历的，这不是早恋。

青春期之前，孩子心里所依赖的是家长，进入青春期以后，他们的心理开始转移，重心将放到朋友身上。孩子开始交朋友，为了朋友，他们可以去学校门口等，可以和朋友一起逛街，可以和朋友留在学校打篮球，甚至，去打架，不在乎回家晚了父母的脸色。是什么力量让孩子变成这样呢？其实就是孩子的心理需求。

**心理支招：**

1. 正确看待孩子与异性交往

由于青春期是求学的黄金时期，一些父母总是担心孩子幼稚、冲动，影响学业，对孩子结交异性朋友，常常持反对意见，戴着“有色眼镜”，任凭主观臆测，给孩子施加压力，用“早恋”来界定孩子们的这种情感需求，禁止孩子与异性交往。其实，这样做不仅伤害了孩子的自尊心，还容易造成心理偏差，影响孩子以后的人际交往和社会适应能力。

青春期的孩子出现对异性的朦胧好感是很正常的，通过与异性的交往认识异性，这也是成长的必经过程。对此，父母不要神经过敏，而应站在孩子的立场上，跟他们一起讨论“男女生交往怎么样才妥当”的问题。

2. 引导孩子交好朋友

在青春期，孩子时而浮想联翩，时而忧心忡忡，这些感情不适合与父母分享，父母不是孩子吐露心声的选择，而最好、最安全的是身边的朋友。对于孩子的择友，父母只需要提出一些底线要求就可以了，比如“带你做坏事的人不能做朋友”、“很自私的人不能做朋友”、“自以为是的人不能做朋友”等等。

## 孩子为什么与不良青年交往

**家长的烦恼：**

小松，高二年级的学生，他性情随和，喜欢交朋友。小松把很多时间花在朋友身上，如果有朋友叫他帮忙，即便他自己有事也不会推托，先帮朋友

的忙然后再做自己的事情，小松认为这样很有成就感，能够帮朋友做事自己也很开心。

父母不赞成小松广交朋友，希望他能够把所有时间都用在学习上。其实，小松的成绩并不差，他就读于一所普通中学，是班里的学生干部，平时学习也比较用功，年级排名在中间偏上。但是，望子成龙的父母并不满意现状，对他有更高的要求，为此常常和他发生冲突。小松觉得很困惑，他觉得自己已经够努力，为什么父母还是没完没了地指责他呢，交朋友、帮朋友做事有什么错？对自己一点也不理解。最近，他结交了几名社会青年，父母一听说，吓坏了，多次劝阻他不要和社会青年来往，但有逆反心理的小松就是不听。

上周，小松突然宣布不想上学了，理由是成绩下降，读不进去了。实际上，父母明白小松的心已经不在学校，他和那些社会青年在一起，很讲“义气”。从周末到现在，父母一直在做小松的思想工作，但效果不明显。

对于父母来说，青春期的孩子最难管教，他们已经不再是父母翅膀下的小鸟，他们有了自己的圈子。父母都明白，朋友圈子是一种认同和归属，也是一种制约和束缚。于是，站在圈子之外的父母就开始担心尚未真正成熟的孩子是近朱者赤，还是近墨者黑？

孩子为什么会结交社会青年呢？

一位结交了社会朋友的中学生回答说：“我觉得结交一些社会朋友挺好的，但是，要看我们结交的是哪方面的‘社会朋友’。我正准备高考，我所认识的都是已经大学毕业的大朋友，我对大学的向往使得我对他们颇有好感。现在，我面临着学习方面和父母方面的压力，虽然，这些可以找同学诉说，但同龄人面对的问题几乎是相同的。相互之间提不出有建设性的意见。相反，那些大朋友是经过磨炼的，他们的意见往往很实用。通过与他们交流，

我觉得自己离目标更近了，心里也少了一些浮躁。”

而有的孩子则完全是一种好奇的心理。青少年尚未真正地进入社会，他们对于社会中的人和事都充满着好奇。如果在某些场合结实了社会中的人，他们会毫无防备地带着好奇心理陷入其中。孩子结实了一些不良社会青年，极易被人利用，从而走上歧途。

《颜氏家训》中有一段话：“人在少年，神情未定，所与款狎，熏渍陶染……是以与善人居，如入芝兰之室，久而自芳也；与恶人居，如入鲍鱼之肆，久而自臭也。”在青春期，孩子的思想与个性尚未定型，很容易受与之亲近的朋友熏陶，父母应该对此加以重视。有的父母对孩子不闻不问，结果孩子交友不慎，荒废学业；而有的父母则害怕孩子结交坏人，因噎废食，禁止他接触社会人士，结果导致孩子养成孤僻性格。其实，父母对于孩子结交社会青年，既不能听之任之，也不能粗暴干涉，而要热情关心、具体指导。

**心理支招：**

1. 不要误导孩子“不要和陌生人说话”

青春期的孩子应该学会交际，特别是与陌生人的交际，这是一项生存法则。因为他们成年之后，不可避免地会接触到越来越多、各种性格特点的陌生人，而在纷繁复杂的社会交际中，轻松与陌生人交流，是一种本领。

许多父母教育孩子“不要和陌生人说话”，其实是误导了孩子。如果是父母的朋友，是熟悉的陌生人，难道也不说话吗？在引导孩子的时候，要提醒孩子“在与社会青年接触的时候，要提高警惕，对于那些有着不良嗜好、品性败坏的人，最好远而避之”。

2. 给孩子多一点关怀

父母在与孩子交流的时候，要以朋友的身份来交流。其实，有些孩子结

交社会青年很可能是因为在父母身上无法获得安全感，在孩子看来，社会青年很仗义，他认为这些朋友能保护自己。对此，父母要多给孩子一点关怀，多作心灵交流，了解心理需求。

## 巧妙影响，让孩子树立正确交友原则

**家长的烦恼：**

一位妈妈回忆了自己引导孩子树立交友原则的往事：

孩子上了高中之后，朋友开始多了起来，我和他爸爸都感到很高兴，因为本身我和他爸爸也是喜欢交朋友的人，家里经常会有朋友来拜访。不过，没过多长时间，儿子就是满脸困惑："妈妈，朋友之间是不是完全无保留？""妈妈，刚认识一天的朋友跟我借钱，我该怎么办呢？""妈妈，你说朋友是一辈子的吗？"

当时，我并没有直接回答孩子的这些问题，而是通过我与朋友的故事来影响他。我从小到大的朋友小张来家里玩，她走了之后，我告诉孩子："朋友可以是一辈子的，就好像我和你的张阿姨，虽然我们有过矛盾，有过争吵，但我们至今仍保持联系。但并不是每一段友谊都是这样，有的朋友是君子之交淡如水，比如我在生意场上的朋友，还有的朋友经不起时间的考验，比如我的大学朋友小万，毕业之后她变化很大，我们的价值观和人生观不契合，因此，我们也渐渐失去了联系……"

在关于孩子交友这件事情上，我跟他爸爸商量过，我们不会结交一些不三不四的朋友，也不会做伤害朋友的事情。我们用自己交友的原则潜移默

化地影响孩子，希望孩子能掌握正确的交友原则。

青春期孩子“渴望被接纳、寻求伙伴”的这一心理发展特点十分突出。作为父母，应该指导孩子树立正确的交友观，包括“君子之交淡如水”、“人生难得一知音”等等。一方面引导孩子寻求朋友、接纳伙伴，另一方面培养孩子坚强的意志品质和自控能力，不要轻易将内心的痛苦、不悦吐露给朋友。

古代，人们在谈修养时曾说到了几慎，其中最重要的一慎就是“慎交友”。正所谓“近朱者赤，近墨者黑”，这句流传了千百年的至理名言告诉我们：交朋友要慎重，讲原则。许多孩子说自己的交友标准“一是要成绩优秀、二是要有权、三是要有钱”，如此的交友原则令人大跌眼镜。心理专家认为：孩子产生这样的观念是受家庭、同伴和社会不良风气的影响。友谊是朋友之间的一种亲密感情，交友是做人、做事都不可或缺的重要内容。对于许多人来说，一生中最温暖而又真情永驻的友谊是在少年时期培养起来的。因此，作为父母，应言传身教，积极主动，认真负责地帮助孩子树立正确的交友观。

**心理支招：**

1. 引导孩子树立正确的择友观

马克思说：“一个人的发展取决于和他直接或间接进行交往的其他一切人的发展。”孩子交什么样的朋友，对他的身心健康与发展起着很重要的作用。随着社会的发展，孩子的交友观念有了很大的改变。由于孩子尚未成熟，缺乏社会知识和辨别能力，在择友上出现了一些不良的现象。有的孩子交友就是希望能跟着吃点、喝点、玩点；有的则是自己不愿意学习，总想抄朋友的作业；还有的是讲哥们义气，为了自己不被欺负而交朋友，等等。对此，父母要引导孩子树立正确的择友观，告诉孩子“朋友是志趣相投、志同

道合的”。

2. 父母做好榜样

一般来说，父母是孩子模仿的第一对象。父母对自己的朋友怎么样，潜移默化地会影响到孩子。如果父母自己尽交一些酒肉朋友，经常做一些伤害朋友的事情，朋友有困难了也不闻不问，那么，孩子在结交朋友的时候，也会变成一个不分好坏、自私的人。

3. 教会孩子掌握交友的原则

引导孩子交良友、益友，好的朋友能使孩子得到友谊和快乐。教孩子学会体谅朋友，朋友之间若是发生了误会，口角，要“宰相肚里能撑船”，对待朋友要学会忍让和谅解；“难得是诤友，当面敢批评”，鼓励孩子自我批评，学会接受朋友提出的意见。

## 孩子在校没人缘，家长要反省自己

**家长的烦恼：**

孩子人缘不好？先听听家长的。

张妈妈说：“我们疼爱小洁，经常给她买漂亮的衣服和最好的玩具。可因为工作忙，陪伴小洁的时间很少。她总是一个人在家看电视、玩玩具。上了中学后，她不太懂得如何跟同学相处，也不知道如何与人分享。同学们都看她漂亮，东西用得好，以为她很骄傲，不想和大家来往，大家也不愿意跟她做朋友。时间长了，小洁越来越孤单。”

李妈妈接过话茬：“我家磊磊比较矮胖，成绩不好，又不喜欢说话，在班

上就像一个隐形人。下课的时候，他也不和同学玩，趴在桌上假装睡觉，听同学们在议论些什么。那天，他爸爸问他考试怎么样，他和爸爸顶撞起来，被爸爸骂了几句。后来我才知道，有同学说他‘成绩那么差，长得又丑，干脆丢垃圾桶算了’，弄得他心情非常不好。”

聂妈妈继续说：“我家是两个千金，大女儿成绩好、聪明漂亮，是学校里的活跃人物。小女儿却和姐姐相反。平时，我们表扬姐姐多，在学校，老师同学都对姐姐好，忽视了小女儿的感受。慢慢地我们发现，小女儿越来越喜欢和姐姐比较，嫉妒姐姐。”

在三位妈妈的叙述中我们不难发现，孩子交际能力差的问题，原因主要在父母。小洁的父母认为自己疼爱孩子，但是，疼孩子并不是光给他买东西，而应该关心孩子心里在想什么；磊磊本身矮胖，成绩又不好，他本来就自卑，但回到家里，父母只问成绩，对他关心不够，这让磊磊觉得很失落，没有勇气去与人交往；聂妈妈对两个女儿不能做到一碗水端平，使小女儿伤心失落。

现代社会，许多家庭都是独生子女，这些孩子养成了“凡事以自我为中心”的个性，这恰恰是孩子与他人人际交往的心理障碍。以自我为中心的孩子，他们总是强调自己的需要和兴趣，只关心自己的感觉，对别人漠不关心。这样的孩子大多自尊心很强，不愿意别人超过自己，对别人取得好成绩非常嫉妒，对别人的失败则幸灾乐祸。在与别人谈话的时候，总是谈着“自己”、“我”，不愿意听别人的情况。而这样的性格特点都是父母的宠溺造成的，许多父母认为，孩子只有一个，好的东西都给孩子，宁愿自己吃苦也不愿意孩子吃苦。

孩子为什么没有人缘是家长应该反思的问题。作为父母，应该反省自己的家庭教育方式，及时作出调整，才能帮助孩子冲破“社交障碍”。

孩子进入青春期以后，父母要有意识地锻炼他们与人交往的能力，让孩子与同学、朋友一起玩，逐渐学会谦让、忍耐、协作。否则，孩子总是与父母在一起，备受宠爱，培养了霸道、以自我为中心的个性，以后进入社会就不能很好地与人相处了。

**心理支招：**

1. 少批评，多赏识

对于没人缘的孩子，父母要少批评，多表扬，关注孩子的优点，比如“我觉得你写的文章很不错”，增强孩子的自信心。孩子对自己充满信心，他自然会愿意与人交往。

2. 让孩子走出家庭

在家庭里，父母对孩子关心多、照顾多，有好吃的都留给孩子，宁愿自己省一点，也不能亏了孩子。但是，在学校里或社会上，孩子与同龄人相处，机会是均等的，大家都遵守共同的游戏规则，这会让孩子学会平等对人，学会理解别人。

# 第8章

## 早恋早引导，帮孩子理智对待青涩的情感

青春期也是一个充满幻想的季节，少男少女们对未来充满了美好的向往；青春期又是一个充满诱惑的季节，未知的世界对少男少女充满了吸引；青春期又是一个悸动的季节，少男少女之间多了点拘谨，少了些随和。在这个悸动的青春期，孩子们那青涩的情感该何去何从呢？

## 有意识地给孩子打早恋的预防针

**家长的烦恼：**

最近，李妈妈无意中浏览到这样一条帖子“为孩子找性家教的进来看”，具体内容是“本人，男性，曾尝试做过两次性家教，分别对一个初一男生和一个高一男生进行性心理辅导。对于青少年性教育，我可以给你的孩子带来丰富的性知识，使他们避免过早的两性接触，让他们顺利完成学习”。

看见这条帖子，李妈妈心中一动，她坦言：“如果这位家教是女孩，我一定让她给自己的女儿补补课。女儿进入青春期以后，突如其来的生理变化常常让孩子手足无措，但又不好意思问父母。虽然说我们母女平时相处得比较融洽，但性教育这个敏感的问题让我觉得很棘手，有些话不好意思开口。如果有和孩子年纪相仿的人能跟孩子谈这个问题，正确引导孩子，就再好不过了。”

李妈妈继续说：“上个学期期末考试之前，女儿跟我说，班里有个男生喜欢她，但她不喜欢这个男生。我当时就跟女儿说，如果喜欢那个男生，就应该和他在学习上互相帮助，互相鼓励，千万不要耽误了学习。在说这些话的时候，我虽然表面很坦然，但心里却是忐忑不安，担心女儿跟那个男生发展下去。我知道跟女儿说这些不会起太大的作用，但是又不知道该怎么来引导孩子。我觉得在早恋这个问题一定要给孩子打好预防针。”

青少年教育专家称，处在青春期的孩子，他们在与同性同龄人形成亲密朋友关系的同时，由于性的萌动而出现对异性的关注和恋爱的感情。这种

关注有的会不断增强，逐渐形成对异性的爱慕之情。其实，这本身是一件很正常的事情，父母不要一味地担心与干涉。但孩子的早恋大多是青春期朦胧、单纯的爱，他们对两性之间的爱慕似懂非懂，只是觉得和对方在一起很开心，感觉对方对自己有吸引力。这样的情感缺乏成年人在谈恋爱时对家庭、政治、经济等多方面的深沉而理智的考虑。一般情况下，女孩子早恋得较早、较多，这与女孩子发育比较早有关系。大量早恋的案例表明，孩子早恋成功者实在太少，两个人随着在各方面的不断成熟，性格、理想等方面的变化会引起感情的变化，如此的感情缺乏稳定性。

随着人们生活水平的普遍提高，孩子得到了更充分的营养供给，再加上社会环境有形无形的“性”刺激，使得许多孩子性成熟的年龄提早到来，导致了现在中学生谈恋爱的年龄越来越早。对这样的情况，父母应该有一定的思想准备，不能“自然教育”，任其发展，更不能粗暴对待。在早恋这个问题上，父母应该及时给孩子打好“早恋”的预防针。

**心理支招：**

1. 对孩子进行性教育以及恋爱观、婚姻观教育

当孩子进入青春期，父母应该对孩子进行性教育，以及恋爱观、婚姻观教育，打好早恋的预防针。如果发现孩子有早恋的苗头，要给他们讲清道理，进行热情的帮助，不妨对孩子说：“哪个少年不钟情？哪个少女不怀春？在你这个年纪，特别喜欢一个异性是很正常的，但只能保持在友谊的层面，不能成为恋爱，因为你们正处于长身体、学知识的黄金阶段，心理、生理发展尚未成熟，如果因为早恋而荒废学业，是非常可惜的。”

2. 如果发现早恋，需要“冷处理”

有的父母发现孩子早恋了，就责骂孩子，或者冲到学校、对方的家中，或

者向亲戚朋友诉苦，把这件事情搞得满城风雨。其实，如果发现孩子早恋，最好的办法就是理解孩子，耐心倾听孩子的诉说，给孩子热情、严肃的忠告，运用“冷处理”的方式。

## 青春期的孩子渴望异性的关注

**家长的烦恼：**

张老师是小学六年级的班主任，最近班里男女生调换位置时，引起了许多同学的哄笑，有的胆子比较大的同学竟然开玩笑说：“这样就真的绝配了。”一位被调换位置的女生似乎意识到什么了，脸红了，头低得很低。这件小事引起了她对这些孩子的关注，有了空闲时间，她就深入到孩子当中，了解他们的学习生活和思想状况。

果然，张老师发现了班里有传递纸条写情书的现象，一位写作能力较好的女孩子用她细腻的文笔抒发了她对一位男生的爱意。而有的男生一下课便跑到自己有好感的女孩子的班上，希望能够引起女生的注意。在课间的走廊上、教室里，课间休息时经常看到男生女生你追我打，嘻嘻哈哈。每当男生在操场打篮球的时候，旁边总是三三两两围着一些女生。这可是才小学六年级啊！张老师感叹，联想到在本校读初一的女儿，她忧心忡忡。

歌德说：“青年男子哪个不善钟情？妙龄少女谁个不善怀春？”在青春期，孩子爱慕异性，这是极为正常的心理现象，是青少年心理发展的重要表现，这也是他们未来恋爱成功与婚姻美满的性心理基础。作为父母，要了解孩子在青春期的早恋，就应该先了解孩子心理和情感在青春期早期的发展

规律。

青春期的异性情感发展需要经历三个阶段的心路历程，称为“青春三部曲”：

1. 异性排斥期：大概在孩子 9 ~ 10 岁左右，持续的时间约两年。在这个阶段，孩子的身体开始出现一些青春期早期的生理变化，比如，男孩子开始长胡子，女孩子的乳房开始发育。孩子们的心理随着身体的发育也产生了一些微妙的变化，尤其是对异性产生了排斥心理，他们不愿意让人察觉出自己身体的变化。本来还是有说有笑的好朋友，但是，在这一时期变得陌生起来，彼此不理睬，也不怎么说话，互不往来，可谓是“泾渭分明”。

2. 异性吸引阶段：大概在孩子 12 ~ 13 岁左右，将持续两到三年的时间。在这个阶段，孩子们对异性产生了好奇心，渴望参加一些有异性的集体活动，希望认识有共同爱好的异性朋友。通过参加一些集体活动，他们往往会发现自己喜爱的异性类型。

3. 异性眷恋阶段：这一阶段又称为原始恋爱期，是青春期发展阶段的第三个时期。大概在孩子 15 ~ 16 岁，这一阶段，孩子们心里潜藏着强烈眷恋，但又不敢公开表露，他们只是用精神心理交往方式来显示自己情感的纯洁性。同时，这也是孩子们的性心理发展阶段，他们的内心虽然多了冷静与理智的成分，但是不能停止对异性的眷恋、思念。

每一个青春期的孩子都要经历这样一个过程：排斥异性—在群体中找到自己喜爱的异性类型—期望与自己喜欢的某个异性深入交流。如果父母仔细观察孩子，就会发现孩子在每一个时期的表现不同。对待孩子的性心理发展历程，父母不应粗暴地界定为早恋，而应理解孩子的对异性眷恋的心理需求。

**心理支招：**

1. 鼓励孩子多参加群体活动

在青春期异性相吸的阶段，父母应该鼓励孩子多参加群体活动。如果孩子在这一阶段没有获得更多的机会参加群体活动，在群体交往中寻找自己喜欢的异性类型。那么，孩子有可能就会直接进入下一个发展阶段——眷恋某一个异性。在现实生活中，父母总是担心孩子与异性接触，尽可能地阻止孩子参加有异性的群体活动，殊不知，这样的禁令反而促使孩子提早进入早恋阶段。所以，父母要鼓励孩子参加对身心健康有益的活动，以转移其注意力，发泄其充沛的精力。鼓励孩子根据个人兴趣，发展个人爱好，这样的话，早恋会适当减弱或转移。

2. 引导孩子正确与异性相处

对于青春期的孩子来说，他们对异性有很强烈的好奇心，渴望接近异性同时又惧怕异性给自己带来伤害。作为父母，应该了解孩子的这个心理需求，鼓励孩子与异性正确交往，引导孩子在与异性的交往过程中，重在真诚，互相学习。对于女孩子，父母要告诫孩子：在与异性单独见面的时候，注意分寸。尽可能不要晚上单独与男孩子约会，假如对方有一些无理的要求，要大胆地拒绝。

## 苦涩单恋，父母如何悉心引导

**家长的烦恼：**

这天，樊妈妈急冲冲跑进朋友的心理诊所，上气不接下气地说："不好了，我女儿离家出走了！"朋友端来了开水，关切地问道："怎么了？出什么事

情了吗?”樊妈妈喘了一口气，才缓缓道来:“我也是看了孩子的日记才知道事情的原委。我女儿今年刚上初二，开学时，班里转来一个外地的学生，他是一位个子高高的男生。女儿对那位男生印象很好，而那个男生有一个习惯，每次经过女儿桌子的时候，总是面带微笑，一只手按在女儿的桌面上，这让女儿觉得很温暖。那个男生主动与女儿搭话，经常会向她问一些难题，因为我女儿在班里成绩一向不错。”

停顿了一会儿，樊妈妈继续说:“后来，那个男生还主动拿着饭盒找女儿一起吃饭，女儿觉得那个男生的一举一动，都表示他喜欢上了自己。就在国庆节的时候，男孩去了西安，买了几个石榴仙子的吉祥物，回来时送给了女儿一个，说是可以当钥匙串儿，女儿感觉这是那个男生给自己的定情物。但是，没过多久，女儿发现那个男生又与同班另一个女生坐在一起吃饭，时而说笑，时而打闹，女儿觉得那个男生背叛了自己，气得不上学，也不回家。”

通过心理医生诊断，案例中的女孩子是典型的钟情妄想症。心理医生说，青春期的孩子得这样病的很多，只是轻重不同而已。这种病的症状是确认有异性喜欢自己，而且把这位异性当成自己的唯一，对方不能与其他人交往。在青春期，孩子性心理开始成熟，思想活跃，尤其对异性更加敏感。有的孩子知道自己心仪的异性并不喜欢自己，但耳朵里却经常出现幻听的现象，他不希望对方再喜欢其他人。面对青春期苦涩的“单恋”，许多孩子能够正常处理:有的孩子把好感深埋在心底;有的则上前表白，遭到拒绝后平静下来;有的发现自己喜欢的异性“喜欢”其他人之后，反而努力学习，把这种感情挫折当作自己学习的动力。而少部分的孩子则跟案例中的女孩子一样，患上了钟情妄想症。

情感受挫是中学生遇到的问题，而较多的则是有早恋倾向的问题，比如苦涩的单恋。教育家苏霍姆林斯基曾说:“教育要善于把握分寸，要有敏锐、体贴入微的态度，以便让爱情作为一种能使人高尚的珍贵情态，进入成长的

年轻一代的精神生活中去。”对待孩子苦涩的早恋，父母不要对之讥讽、责骂，而是理解孩子，引导孩子慢慢走出“单恋”的泥沼。

**心理支招：**

1. 引导孩子正确看待“单恋”

父母可以告诉孩子“进入青春期的孩子，对异性存有好感是正常的心理现象，是生理和心理发育的结果。如果某个异性同学表现很优秀，引起你更多的注意和好感，这说明你是一个追求成功的好孩子。你对异性怀有单方面的好感，这并没有错，但要把握好度，过了这个度，你就会想入非非，自寻烦恼。如果你觉得对方很优秀，那么，你更应该珍惜时间，努力学习，让自己变得跟他（她）一样优秀。”

2. 耐心询问，了解孩子“单恋”的原因

心理学家认为，感觉只是人们认知客观事物中的一种初级形式，它所反应的只是事物的个别属性，有时往往对事物产生不正确的反映。知道孩子“单恋”，父母要关心孩子，询问孩子“你喜欢对方的哪些方面”，了解孩子“单恋”的原因以后，要及时告诉孩子“这种爱恋只是一种感觉，并不是真正的爱情，不要过分相信自己的感觉，免得作茧自缚”。

## 你能不能发现孩子早恋迹象

**家长的烦恼：**

一位糊涂的妈妈坦言：“我真没想到自己的儿子也早恋了，看来，平日里

我们做父母的对孩子关心不够，观察不到位。儿子刚上初中时，放学早早地回来，自己写作业，我们也不操什么心。过了半学期，儿子开始让我给他买最新款的衣服。说实话，听到儿子开口要东西，我还真高兴。以前儿子从不主动要求买衣服，我们给他买衣服差不多都是一个季节一个季节的买，现在他积极要求买衣服，看来是开始爱美了。当时我还跟儿子开玩笑说‘打扮得酷一点，就能迷倒不少女生’，没想到真是被我说中了。”

妈妈叹了口气，继续说道：“前些天，接到一个陌生的电话，我才知道，儿子偷偷地跟班里一个女孩子恋爱了，那个电话正是女孩子的家长打来，向我兴师问罪来了。晚上，我叫住要回房间的儿子，心平气和地问‘听说，你跟班里的一位女生走得比较近，是吗？’我没敢用早恋这个词，怕吓坏孩子，儿子低下头，没说话，看来，儿子真是早恋了。唉，是我这个当妈妈的失职，没能早点发现。”

案例中的妈妈确实有些粗心大意，对孩子关心、关注不够，连孩子早恋了都不知道。早恋已经是一个老生常谈的话题了，目前，学校里的早恋现象还是屡禁不止，反而呈现出越来越多的趋势。虽然早恋现象比较普遍，但也并不是每一个青春期的孩子都会陷入早恋。如果父母能够仔细观察自己的孩子，就一定会从孩子的言语和行为中察出端倪。

那么，哪些孩子容易早恋呢？

在学校里，那些性格外向、相貌出众的孩子比那些性格内向、相貌平平的孩子更容易发生早恋。心理学家认为，那些性格外向的孩子大多敢于触犯“校规”，一旦发现自己合适的对象，他们就会大胆追求，有些女生还以被男生爱慕为荣。

那些缺少家庭温暖的孩子容易早恋。比如，父母经常吵架，对孩子关心不够。或者有的父母感情破裂，已经离婚，孩子没能得到完整的爱。这样的

孩子生活在一个冷漠、压抑的环境中，心里渴望温暖，而来自异性的爱恰好能弥补这一点。

此外，那些学习成绩差的孩子比成绩好的孩子更容易早恋，这些孩子平时受到的关心比较少，他们没有把精力放在学习上，在学习中无法获得乐趣。于是，他们便把那些无处打发的时间和精力转向所谓的“爱情”，以弥补精神上、感情上的空虚。

孩子进入青春期以后，父母要密切关注孩子的一举一动，这并不意味着父母全权干涉孩子的社交自由，或者监视孩子的行为。而是关注孩子心理、情绪的变化，一旦发现早恋现象，需要及时劝阻引导，以免孩子陷入感情的泥沼。

**心理支招：**

1. 注意孩子早恋前的信号？

孩子早恋不是空穴来风，是有迹象可寻的，父母应仔细观察，提前防范。比如，孩子常常背着家人偷偷写信、写日记，若是不小心被看见了，急忙掩饰；家里经常有异性打来电话，经常收到发信人地址“不详”的信；孩子突然对那些描写爱情的文艺作品、电影感兴趣；孩子情绪起伏大，时而兴奋，时而忧郁，时而烦躁不安；孩子突然喜欢打扮，注意修饰自己；活泼好动的孩子突然变得沉默，不愿意和父母多说话；经常找借口外出，有时还撒谎；突然喜欢谈论男女之间的事情；回家后喜欢一个人呆在房间里，经常无故走神发呆。

2. 父母不应“对号入座”

如果孩子身上真的出现上面所列的表现，父母也不应该对号入座，而是关注孩子的变化，弄清楚孩子到底有没有在恋爱。即使发现孩子真的早恋了，父母也不要采取简单粗暴的方法进行阻止，要试探地、温和地问“听说，

你最近和某某走得很近，是吗”，以朋友的身份与孩子聊天，摸清实情，积极引导、耐心劝阻孩子走出“早恋”的泥沼。

## 孩子早恋一定会影响学习吗

**家长的烦恼：**

一位苦恼的妈妈讲述了儿子早恋的事情：我儿子今年16岁，刚刚上高一，他从小学到初中都是优秀学生。但是前不久我发现他喜欢打扮自己了，穿衣服也越来越讲究了。但学习成绩直线下降。期中考试的时候，他在班里排名还不错，期末考试的时候，有一门功课不及格，还有几门功课都是六七十分，我到学校询问孩子的学习情况，老师反映说，孩子有早恋现象，他跟一位女同学走得很近。

为了阻止孩子早恋，我首先在时间上控制他，上学送，下学送。有时候，家里有女同学来电话，我就给挂了。我问他是不是和那个女同学好，开始他不承认。到现在，他总算是默认了。我打听了一下，跟他恋爱的女同学是班里的团支部书记。在学校，老师找他们分别谈过，但他们不改，老师也没办法。现在，两个人的成绩都出现下降趋势。其实，如果不影响学习，我就睁一只眼闭一只眼了，不管了。可现在呢？两人成绩都下降了，我真怕把孩子耽误了。

对此，心理医生给出了这样的诊断：“在青春期，大多数孩子都会陷入对异性的眷恋期，但会不会影响学习，是另外一回事。如果已经影响了孩子的学习，那么，父母应该想办法劝阻、制止。这两个孩子一个是团支书，一个是

班长，在一起挺合适，但是，现在学习成绩都下降了，感情本来是互相仰慕，现在成为了互相悲悯，还合适吗，当然不合适了。”

关于“早恋到底影不影响孩子的学习”这一问题，众说纷纭，褒贬不一。一位心理学家表白自己的观点：“对于‘早恋影响学习’这个说法，我一直持怀疑态度。可能许多中国父母不知道，在西方国家根本没有早恋的说法。相反，在中学时期，老师和父母都非常鼓励异性之间的交往，甚至，在美国男孩子很早就接受如何追求女孩的训练，而女孩同样很早就学习如何吸引男孩……”

美国社会学协会公布了一项研究结果：青少年有情侣关系，甚至发生性行为对他们的学业不一定会产生负面影响。而一位正在美国上大学的中国女孩子也表示：“我有亲身经历，异性同学在一起，彼此之间可以互相鼓励、互相帮助，约定一起考取什么样的学校；平时考试之后互相帮助查找哪里错了，帮助纠正；学习中不懂的地方可以互相探讨研究，这可以让枯燥的学习生活更加有趣，减轻厌学情绪。”

中国人的观念与外国人不同，中国孩子的父母一贯都认为，学生时期，孩子就应该把精力放在学习上，不能三心二意，如果早恋影响了学习，是断然不行的。对孩子的早恋行为，家长要预防、早发现、早制止。

**心理支招：**

1. 引导孩子将“早恋”转化为“互相帮助、互相进步”的动力

如果发现孩子早恋了，父母应该告诉孩子：“你们的关系应该向着使双方都成为全面发展的好学生的方向发展。要互相帮助、互相鼓励、互相鞭策，成为同学们赶超的榜样。”

2. 如果已经影响了学习，积极引导，让孩子明白什么叫责任

如果早恋使两个孩子的成绩都下降了，父母有责任告诉孩子其中的利

害。积极引导孩子走出早恋，告诉孩子："你年纪还小，你现在的任务是学习，如果因为早恋耽误了学习，你可能会成为一个无知、无能、无所事事的人，将来你就不会给对方带来幸福，是对人、对社会都不负责任的表现。"

## 孩子走入苦涩"失恋"中

**家长的烦恼：**

一天，陈先生来电影院看《失恋三十三天》，他说自己是来"审片"的。陈先生今年40多岁，儿子正在上高一。前不久，儿子暗恋了班里的一个女生，但那个女生却对他没意思。儿子给那个女孩子送了花，表了态，还是遭了女生的拒绝。本来，儿子性格很开朗，近段时间却为"失恋"而痛苦着。

上周末，儿子回家一直嚷着要看《失恋三十三天》，说同学们都看了。听到电影名字，陈先生觉得怪怪的，于是，他自己来"审片"，看看这部电影是否适合孩子看。看完电影，陈先生觉得可以答应儿子的要求，他说："这部片子适合正处于青春期的懵懂男女观看。恋爱是人生的必经阶段，而失恋也是大多数人都将遭遇的事情，有准备总比没准备好。现在的孩子普遍对爱情都抱有过高的美好期望，一旦失恋会受伤很深，我不希望儿子因此受到伤害。"陈先生表示，要通过看电影，使儿子早日走出"失恋"的阴影。

在案例中，我们可以看出陈先生是一位开明的父亲，他通过带着孩子看电影，使孩子走出"失恋"阴影的做法是值得借鉴的。青春期的孩子遭遇感情问题，用"失恋"这样的字眼形容有些牵强，因为这些孩子还没有真正恋爱就向父母宣布自己"失恋"了。这样的"失恋"并不是成年人的失恋，而是对

一份懵懂感情的失落感。因此，与其把孩子的感情遭遇看成是一次“失恋”，不如引导孩子正确看待，当成这是成长的必然过程。

早恋的现象越来越多，失恋的孩子也多了起来。孩子失恋后会感到很痛心，情绪低落必然会影响孩子的身心健康和学习。父母既然无法禁止孩子去恋爱，那不妨想办法帮助他们走出失恋阴影，避免受到更大的伤害。要鼓励孩子正确面对失恋，平稳渡过失恋期。

**心理支招：**

1. 引导孩子正确认识“失恋”

一位哲学家说：“人只有通过一次真正的失恋痛苦和折磨，才会进一步成熟起来。”对此，父母要引导孩子正确认识“失恋”，面对现实，检点自己的行为，从中吸取经验和教训，促进心理的发展和成熟。告诉孩子：“这并不是一件坏事，是一种自然的社会现象，等你长大了，有本事了，你会有更多更好的选择。爱情并不是生命的全部，因为失恋而搞垮身体，影响学业，这是很不值的。”

2. 让孩子感受到家庭的温暖

孩子失恋了，父母应该想方设法转移他们的注意力，关心他们，让他们感受到家庭的温暖。比如，利用做节目带孩子出去旅游，或者做一顿他们最爱吃的饭菜。让孩子们知道，即使失恋了，家人永远是关心他们的，使他们尽量摆脱心理上的孤单和苦闷。

3. 引导孩子将时间和精力转移到学习上来

孩子失恋后，要引导孩子将时间和精力转移到学习上来。告诉孩子“你们正处在学习知识的黄金时间，尽可能地把更多的时间放在学习上。恋爱会浪费你的时间，还会伤害彼此，影响你的心态，影响你的学习”。

# 正确分析孩子的同性爱恋倾向

**家长的烦恼：**

一位满脸焦虑的妈妈走进心理咨询室，开口讲述了自己女儿的事情：

我担心女儿有同性恋倾向。从小，我女儿身体就比较娇弱。我担心孩子在学校受其他同学的欺负，就拜托了班里的一位女同学帮忙照顾女儿。就这样，女儿更多地时间是和这位女同学在一起，从来不与男孩子打交道。当我试探着问女儿："你怎么没有一个异性朋友呢？"女儿回答说："我觉得只有女生才最了解、体贴女生。"如此的回答让我吓了一跳，我开始慢慢注意女儿的同性朋友。

我发现，女儿的这位女朋友打扮很中性。这让我心里很不安，我问女儿："你的朋友为什么喜欢中性打扮？"女儿像开玩笑地回答说："这样可以更好地照顾我啊。""可是，你们这样，会……不会……咳咳……走得太近了？"我说话有些吞吞吐吐，女儿白了我一眼："这算什么，我们班里关系好的女生还在一起拥抱、亲吻呢。"听了女儿的话，我真是吓坏了，这是同性恋吗？

一直以来，早恋现象被不少父母当作"洪水猛兽"，现在，孩子的爱恋不仅存在于异性之间，很有可能存在于同性之间。对这样的情况，许多父母表示"宁愿自己孩子与异性恋爱，也不愿孩子卷入同性恋中"。

那么，造成孩子有同性恋倾向的原因是什么呢？

许多孩子早恋，一旦失败了，就可能导致自己性取向的变化，转移到同

性间关系密切的伙伴。有的孩子则是缘于家庭因素，父母只是忙于工作，不注意孩子的心理教育，只看重孩子的学习成绩，坚决反对孩子与异性交友、学习、玩耍，因此，孩子的朋友圈子里全是同性。还有的孩子长期生活中父母不和的家庭中，父亲或母亲常年在外，不关心家庭，孩子从小到大所接触的都是父亲或母亲，导致他们对异性的恨意，进而更愿意接触同性。

其实，那些具有同性恋倾向的孩子在面对自己的时候，多是自责和愧疚，他们对"同性恋"的认识还不够全面，往往带有自己的主观判断。他们很容易把"同性恋"与肮脏、丑恶、艾滋病等负性的事情联系在一起，认为"我是一个心理有问题的人"。

如果孩子有了同性恋的倾向，父母该怎么办呢？

**心理支招：**

1. 不要简单地从言行、外表来判断孩子是否有同性恋倾向

一位心理医生曾经告诉我们："我接待过一对有同性恋倾向的孩子，这两个孩子每天都腻在一起，行为十分惹人注目，不论在什么场合，她们会拥抱、甚至是亲吻。怪异的行为遭到了很多同学的议论和疏远。这两个孩子很苦恼，她们无奈地对我说，其实相互拥抱亲吻都是模仿电视剧里的画面，觉得很好玩而已，并不是什么同性恋。"所以，孩子是否有同性恋倾向，并不是靠简单的行为、装扮来推断。

2. 鼓励孩子多与异性接触

如果发现孩子有同性恋的倾向，家长要用和善的言语及方式去努力改变孩子的性取向。比如"不要经常和女生在一起"、"多和男生交流交流"，等等。鼓励孩子多与异性接触，孩子会慢慢改变自己的性取向。

3. 引导孩子心理健康发展

在孩子成长过程中，有的父母喜欢将孩子异性化装扮，或者让他长期只和异性朋友玩耍，都有可能使孩子产生过多的异性心理，淡化自己的性别，在性别的心理认同上产生模糊。对此，父母要引导孩子发展健康的心理，同时要纠正自己的观念和行为，不要因为想要女儿，就对儿子异性化装扮。

## 教孩子学会拒绝异性的求爱

**家长的烦恼：**

李妈妈讲述了这样一件事：

那天，我帮儿子打扫房间，无意中将桌子上的一本书碰掉了。我赶紧捡了起来，却发现地上还有一张粉红色的信笺，我想了想，打开了信笺，原来这是一封情书：某某，犹豫了好久，还是决定给你写这封信……你不要猜测我是谁，我只是一个默默喜欢你的女孩子，我很普通，普通到你可以忽略不计……希望你每天都那么快乐。一看见那娟秀的字迹，我就猜出这是一个女孩子写给儿子的情书。我心里又是高兴又是担心，高兴的是儿子在班里原来那么受欢迎，担心的是儿子会怎么处理呢。前不久，我才跟儿子谈了一次话，给他打了早恋预防针，儿子也拍着胸脯向我保证，“妈妈，我不会早恋的，如果我遇到了感情问题，一定会跟你说”。

晚上，儿子像往常一样回到家，但我发现他有些心神不定，时而望着我，好像有话要说。果然，晚饭之后，儿子来厨房帮我收拾碗筷，低声跟我说：“妈妈，我收到了一封情书，该怎么办呢？”我问儿子：“你喜欢那个女孩子

吗?”儿子摇摇头，我心里有底了，对儿子说:“那么，你应该委婉地拒绝她，告诉她，现在你们年纪还小，最首要的任务是学习……”

在成长的岁月里，处于青春期的孩子都有可能碰到异性的追求，这是一种正常的现象。对女孩而言，随着青春期的情窦初开，对异性产生渴望，并在暗中祈祷爱神的降临，这属于正常的心理。但是，让孩子感到麻烦的是，不少女孩在与异性的交往中，常常会遭遇到“落花有意，流水无情”的情况，自己中意的人未必喜欢自己，而那些自己不喜欢的人却偏偏对自己有好感。孩子在面对这种情况的时候，常常感到手足无措，不知道如何拒绝对方，也不知道如何保护自己。

在这一时期，孩子们有这样一些心理特点:害怕失去朋友，人天生就害怕孤独，孩子也是一样。在他们看来，自己交到一个知心的朋友很不容易，他怕拒绝了对方连朋友都没得做，所以，在对待异性求爱时往往是犹犹豫豫，当断不断;还有的孩子不懂得拒绝的技巧，他们不会开口拒绝他人，自己烦恼着困惑着。

如果孩子意外地收到异性求爱的纸条儿、信件，父母应该怎么办呢?

**心理支招:**

1.引导孩子正确对待异性的求爱信

如果孩子收到了异性的求爱信件，父母可以建议孩子表明自己的态度，比如“我们现在年龄还小，还处于求知阶段，不应接受这份感情”。只要对方晓之以理，都会尊重这样的选择。父母需要提醒孩子“在给对方答复的时候，拒绝的态度一定要明确、坚决，不能含糊其辞，使对方产生误解”。父母还要告诉孩子，尊重对方的感情，不要轻易将对方的信件、纸条公布于众，更不要当众嘲笑对方，不要伤害对方的自尊心。

2. 面对无理纠缠者，父母要挺身保护孩子

如果孩子在拒绝对方时，碰到无理纠缠或以死相威胁的异性，父母要挺身而出，帮助孩子拒绝对方，保护自己的孩子。还可以把事情告诉老师，让老师帮助给对方做思想工作。

# 第 9 章

## 追星、追潮流，让孩子正确面对青春的“向往”

不知道为什么，孩子到了青春期这个年龄，对父母的话总是听不进去。他们热衷于追星、追潮流，流行什么就会追逐什么。许多人认为“追星”、“追潮流”是属于青春期这个年龄的标志，其实，这一切都源于青少年的“向往”心理。

## 青春期孩子眼里的时尚与美丽

**家长的烦恼：**

一位母亲说：

我儿子正在上初二，个子不怎么高，他平时兴趣爱好很多，比如唱歌、玩滑板、跳街舞，等等。最近，我发现儿子越来越讲究穿着。他喜欢穿新衣服、新鞋子，那些旧的则很少问津。他每天很早起来，不是学习，而是反复换衣服，照镜子，直到看到自己满意的一身打扮才出门。有时候，上午穿了一套，下午还会再换一套。

前不久，他爸爸去外地出差，给他带回来一套三百多元的衣服，看上去挺时尚的。当时，儿子的眼睛都亮了，抑制不住兴奋地说："明天我就穿着去上学。"我说："你身上这套衣服是今天刚穿的，怎么换得这么勤？"儿子却对我说："妈妈，这是时尚与美丽，你不懂的啦！"其实，儿子穿哪件衣服，我并不太在意。我比较关注的是他对穿着过于注重的行为以及背后的心理。他太热衷于打扮，过分注重穿着，在同学们中太惹人注意，会分散他学习的精力。

通过这位母亲讲述的事例，不难看出，青春期的孩子伴随着自我意识的增强，他们比较"爱美"了，喜欢打扮自己了，已经懂得了什么是时尚与美丽。在青春期以前，大多数孩子的穿着打扮都是父母包办，父母买什么衣服，孩子就穿什么衣服。但是，孩子进入青春期，他们会把大量的精力和时间用来打扮自己，比如穿衣、发型等，热衷于追逐时尚与美丽。

雨果说："理想无非就是逻辑的最高峰，同样，美就是真的顶端。艺术的民族同时也是彻底的民族，爱美就是要求光明。"心理学家表示，那些懂得自我欣赏、追逐美丽的孩子，他们往往更自信、乐观，更容易获得幸福与成功。孩子爱美是天性，这并不是什么错误，当然，面对时尚潮流，则需要父母积极引导，帮助孩子树立正确的价值观。

**心理支招：**

1. 教会孩子认识美的本质

青春期孩子爱美打扮是很自然的事情，无可厚非。但是，由于孩子们对美的本质认识还很肤浅，他们在追求美的时候往往会出现一些偏执倾向，比如盲目节食减肥保持苗条的身材，穿着打扮过分追求成人美。他们追随时尚、刻意修饰、矫揉造作，失去了孩子的纯真、健美和青春气息。对此，父母不妨告诉孩子："美的本质就是真实，即使你不打扮，你一样美丽，因为你纯真。相反，你若是过分打扮，反而失去了少年的纯真，是不美的。"

2. 引导孩子正确对待"时尚潮流"

青春期的孩子追逐时尚，社会上流行什么，他们就追逐什么。对孩子盲目追逐时尚潮流的现象，父母应该有一定的警惕心理。你可以告诉孩子"时尚其实就像浪潮，或许，你认为现在流行的是美的，但是，过不了多久，它就被淹没在大海里，因为新的浪潮又打过来了，而你追逐时尚的过程，其实就是一个永远没有办法停下来的过程。真正的时尚来自于心里，而不是外在表现，就算你打扮再时尚，但你其实就是一个中学生。"引导孩子在面对时尚潮流的时候，选择合适自己的，而不是盲目追逐。

## 追星心理：帅哥靓女是我的最爱

**家长的烦恼：**

一位颇具智慧母亲向我们讲了这样一个故事：

我女儿正在上初中，她很喜欢周笔畅，还参加了学校里组织的“笔迷”团，支持心中的偶像。她房间的墙壁贴满了周笔畅的海报，经常嘴里说的都是“周笔畅怎么了”，而且，回到家，还鼓动我和他爸爸为周笔畅投票。我觉得孩子追星太疯狂了，好像有点过头了，但是，我并没有责备孩子，而是想弄清楚她到底喜欢周笔畅的什么呢？

我开始跟孩子一起听周笔畅的歌，我对女儿说：“我也听听，我女儿喜欢的歌手一定有她的过人之处。”女儿马上兴奋起来，滔滔不绝地说了起来。我认真听了周笔畅的歌，唱功果然好，感情也很真挚。我还了解到周笔畅高考成绩是681分，当年是广东省的第二名，她大三就过了英语六级，是个全面发展的才女。我心中一动，找到切入点了。我和女儿共同探讨周笔畅成功的原因，引导孩子在欣赏周笔畅多才多艺的同时，学习周笔畅为成才而付出艰辛和努力的精神。在我的引导下，女儿学习比过去更认真了。为了对女儿进行深层次的教育，我还积极为女儿买周笔畅演唱会的票，这样一来，女儿更信赖我了。而我也借机给女儿讲了许多关于追星的道理。渐渐地，她懂得了喜欢一个明星，需要看到学习明星身上的闪光点。

案例中的母亲确实是一位了不起的母亲，她懂得尊重孩子、理解孩子。在了解孩子追星的过程中，她巧妙地通过明星的榜样作用，激励孩子成长进

步。青春期的孩子追星，这是普遍现象。青春期的孩子心理不成熟，容易盲目崇拜，行为情绪化，在追星的狂热之下，很容易失去理智，出现疯狂的行为。如此追星的行为会影响到孩子的学习和身心健康，面对这样的情况，父母应该加以重视，积极引导，让孩子学会欣赏偶像的内在美。

“追星”行为是指青春期孩子过分崇拜迷恋影视明星和歌星的行为。心理学家表示，崇拜偶像是青少年时期的重要心理特征之一，是青春期心理需要的反映。而青春期孩子“追星”心理是多方面的：

替代满足心理：在青春期，孩子的性意识日益发展，他们对异性的情感也日益丰富。这让他们开始幻想自己恋人的形象，由于条件不成熟，渐渐地，他们把对异性的幻想转移到明星身上，以此获得满足。

从众心理：青春期的孩子追逐时尚。在这一时期，孩子们有较强的好奇心和模仿力，他们喜欢标新立异，追赶时髦。一旦时尚潮流袭来，他们就极力模仿，希望自己不要落伍。而明星则是创造时尚、领军潮流的代表人物，自然就成为青春期孩子追逐、学习的目标。

炫耀心理：一些孩子刻意模仿明星们的作风，收集明星的资料，而他们把这些作为在与同龄孩子交谈时炫耀的资本，以此抬高自己的身价。一些对明星了解较多的孩子，他们在谈论这些的时候，往往会体验到一种自豪感、满足感，觉得自己有了面子，在同伴面前有地位。

教育家孙云晓说：“我们每个人都有自己的偶像，父母也一样，所以父母千万不要嘲笑孩子的偶像。”青春期的孩子需要引导，在追星方面更是如此。

**心理支招：**

1. 利用孩子追星，巧妙发挥名人效应

孩子对明星的崇拜心理、移情心理就是“名人效应”产生的心理基础。

在家庭教育过程中，利用孩子喜欢某某明星的心理，父母可以巧妙激发出名人效应。比如，你希望孩子改掉某些坏习惯，就对孩子说：“你知道吗？你喜欢的某某明星以前也像你这样，但是，他后来改掉了自己的坏习惯，现在就成为了大明星了。”孩子听了，会以明星为榜样，自觉改掉坏习惯。

2. 跟着孩子一起“追星”

喜欢娱乐是孩子的天性之一，孩子追星是一种天真的理想。如果看到孩子追星，父母采取扔掉明星的CD、撕掉明星的相片的粗暴做法，非但不能让孩子回头，反而会激发起子的逆反心理。父母只有了解孩子所喜欢的“明星”，才可以与孩子谈“明星”。而父母对“明星”的一些客观评价，对孩子的价值观往往能起到潜移默化的作用。

## 喜欢的摇滚歌手，那里诉说我的心声

**家长的烦恼：**

本来，孩子喜欢听歌是一种情趣，但是，一位父亲却开始为此担心起来。他对我们说：“我儿子正上高二，平时最大的爱好就是喜欢听歌，以前我也没特别关注他的这些爱好。因为我对音乐也不怎么熟悉，也就喜欢听一点80年代的老歌。可前不久，我发现孩子经常躲在房间里听一些极具震撼力的歌曲，把声音开得很大，震得房间都一颤一颤的。我好奇地问孩子‘你听的都是什么歌曲啊？’儿子很得意地回答说‘摇滚，老爸，你没听过吧，快过来听听’。可能是年纪大了，听着那声音我的耳膜就受不了，儿子称这是重金属音乐，我也搞不懂其中的差别。”

停了一会，那位父亲继续说："当时我也没太在意，觉得这个年龄段的孩子可能都喜欢听这类的歌曲。可儿子却说，班里仅有一两个同学喜欢听这样的歌曲。我很不理解，他却告诉我，音乐是很私人化的东西，能够真正喜欢音乐不容易，音乐不像电影，人人都可以看得懂。虽然，儿子喜欢听摇滚乐，这可能不是什么大事，关键是我对摇滚乐又不熟悉，担心儿子听了不好的音乐而影响他的心理健康，现在，我也不知道该怎么办了？"

对于大多数父母来说，摇滚只是一种模模糊糊的印象，可能他们一辈子也不会关注"摇滚"这个词。不过，走在大街上，经常会听到一些青少年在谈论摇滚乐，不难看出，摇滚乐深受许多青春期孩子的喜爱。摇滚乐给人们带来的不仅仅是听觉上的冲击，更多的是对思想的影响。摇滚乐有积极向上的，也有消极低调的；有大胆抨击的，也有掺杂着颓废的因素。复杂多变的摇滚乐是否适合青少年？案例中父亲的担心是很有必要的。

摇滚是一种精神，它主张自由，鼓励人们敢于向传统观点挑战。通过摇滚，人们发泄出自己内心的极度不满，揭露出社会的黑暗面，人类内心真正的痛苦、欲求通过摇滚得到了真实的反映。在现实生活中，很多父母对摇滚持冷漠的态度，他们反对孩子听摇滚，担心孩子被摇滚的不羁、冷漠所影响。其实，父母的观点是片面的，摇滚音乐有各种不同的风格，每种风格都有不同的情感表达方式，并非所有的都对孩子有不利的影响。因此，父母要认真分辨孩子所喜欢的摇滚风格，才能判断摇滚乐是否对孩子有不利的影响。

喜欢摇滚乐的青少年，大多存在这样的心理：他们叛逆，反对世俗，和大家的观点想法不一样；心理敏感，很感性；内心深处在某方面很自卑，但对外表现得很自大，认为很多东西都不入眼；悲观，尤其是在孤独时更加失落；心胸狭隘，他们在表达感情或情绪时很直接，不太顾及到他人的感受；喜欢幻

想，希望通过幻想来改变这个世界。

喜欢摇滚的孩子大多会把摇滚当作发泄心灵深处激情的出口。通过摇滚，他们追求自由，发泄心中的不满。青春期是一个充满挫折的时代，孩子在追求独立生活的过程中，往往会遇到一些困难与烦恼。他们内心苦闷，又不愿意将心中的烦恼向父母倾诉。在这样的情况下，摇滚音乐往往能引起孩子们的心理共鸣。

**心理支招：**

1. 引导孩子听内容和情调健康的音乐

现代的流行乐坛有一些粗制滥造、过分伤感的音乐，假如孩子长期接触这样的音乐，会让孩子的情绪陷入低迷，甚至整个人也变得颓废起来。而好的音乐会催人奋发向上、激情澎湃。对于孩子的音乐爱好，父母要以朋友的口吻建议他们多听健康的音乐，远离那些颓废、格调低俗的音乐。

2. 对于摇滚音乐，父母应建议孩子慎重选择

美国科学家曾做过一些实验：在摇滚乐的作用下，植物会枯萎下去，动物会渐渐丧失食欲。而摇滚乐对人也有一定的危害，能导致人的听力下降，精神萎靡，还会诱发一些疾病。听摇滚乐对青少年来说是一种时尚，不过，父母应建议孩子选择合适自己的摇滚乐，而不是盲目地追求所谓的时尚。你可以告诉孩子“好的音乐才会激发你积极向上、朝气蓬勃、永不服输的斗志，使你身心得到健康的发展，反之，只会影响你的身心健康”。

# 帮孩子树立正确的偶像，把握追星的分寸

**家长的烦恼：**

这是一位老师的自述：

我是老师，也是家长，我的儿子是我的学生。在昨天的班会上，我在全班进行了一次匿名式的问卷调查，问卷中有这样一道题："请你写出最崇拜的对象姓名，限定一名。"统计结果时，我将同学们答的内容写在黑板上。其中有"刘德华"、"张学友"、"张国荣"、"张柏芝"、"谢霆锋"、"周恩来"，等等，全班45名同学，竟然提出了35位崇拜人物的姓名，以歌星、影星居多。没有一个人写华罗庚、陈景润，甚至连居里夫人都落了榜。晚上回到家我问儿子"你写的偶像是谁？"儿子很自豪地说"80年代的四大天王之一，刘德华，虽然他老了一点，但我就是喜欢听他的歌"。听了儿子的回答，我感到很忧心，现在的孩子已经把明星当作自己的偶像了。

青春期的孩子正处于生理的发育期，性格还没有定型，心理还没有成熟，他们判断好坏的意识还比较模糊，分辨是非的能力还不强。因此，孩子价值观的形成很容易受到外界的诱惑，人生观很容易受到社会的左右。他们这个年龄所体现出来的特点是"模仿多于自觉，从众多于主见"。尤其是那些明星偶像，对青少年的影响力更是巨大。从他们的日常言行，到他们的价值观念；从他们的穿着打扮，到他们的对观众的态度都是孩子们模仿和追随的范本。

现实生活中，许多电视台或媒体为了提升收视率，大搞选秀、造星活动，

俊男靓女、大款、大腕在电视节目中轮番上映。在媒体看来，明星的一举一动都是新闻，他们的生活细节就是热点，到处都是绯闻。随着媒体的狂轰滥炸，青春期的孩子迷惑了，迷盲了。孩子们单纯地认为，明星就是成功，明星的行为就是正确的，把明星当成自己崇拜的偶像。而把五、六十年代的英雄如雷锋、张思德、黄继光等全部抛到了九霄云外。

在中华民族的传承中，历来就把那些威武不屈、富贵不淫、忠诚坚强的人当作崇拜的偶像；或者把那些为国立功、为民请命、为社会作贡献的人当作偶像。古有屈原，今有雷锋；古有民族英雄岳飞，今有用身体堵枪眼的黄继光；古有刚直不阿、执法如山的包拯，今有一生都在平凡岗位上默默为人民服务的张思德。而现代社会的孩子们似乎早就忘记了他们。面对孩子疯狂的追星行为，甚至把明星当偶像，作为父母，该如何引导呢？

**心理支招：**

1. 告诉孩子什么是“崇拜”、“偶像”

许多孩子喜欢明星的理由是“长得漂亮”、“帅气”、“歌唱得好”、“打扮够时尚”，这些肤浅的认识，使他们就轻易地将明星当成了偶像来崇拜。对此，父母要教育孩子：“偶像值得崇拜的原因在于他为社会、为人类、为世界作出了杰出的贡献，在他身上有值得我们学习的高贵品质。或许，他们身上并没有什么耀眼的光环，他们就跟我们一样，只是一个普通人，但是，他们的一生不平凡……”

2. 让孩子明白明星也有不足

在孩子追星的时候，父母要教育孩子，一分为二、辩证地看待明星，有的明星身上也有不足。比如，有的醉酒驾车、有的吸毒、有的说脏话等等。提高孩子的分析能力，引导孩子以理智的态度来面对明星。让孩子明白，明星

也是人，他也有缺点，并非他说的每一句话都是真理，每一种行为都是榜样。

3. 帮助孩子树立正确的偶像观

榜样的力量是无穷的，每个孩子都需要有学习的榜样，以此来激励自己。父母要做的不是让孩子不再追星，而是让孩子树立正确的偶像观。要引导孩子学习历史等各方面的知识和书籍，了解一些中外名人、伟人，熟悉更多的科学之星、艺术之星，发现身边的英雄、模范，学习平凡人身上的闪光点，激励自己做德、智、体、美、劳全面发展的好青年。

## 追求潮流，总穿“奇装异服”

**家长的烦恼：**

李妈妈向心理医生说出了自己的忧虑：

我女儿就读于一所重点中学，这半年时间来，本来性格温顺的她表现出一些怪异的行为，喜欢穿奇装异服，还经常和一些不三不四的人玩到深夜才回家。我当时很无奈，只好将女儿送到一所行军学校去训练，想借此改掉女儿身上的坏习惯。

女儿从行军学校回来后，我和她的关系变得很僵，她故意不上学，故意和我作对。她觉得是我害了她，让她一个人在行军学校吃那么多苦，经常为这事跟我吵架。可最近一个月，她也不和我吵架了，反而窝在家里一声不吭。我看过一些心理书籍，发现女儿患上了严重的抑郁症。我真的很担心她，在女儿三岁的时候，我与丈夫因性格不合离婚了。我一个人带着女儿生活，这么多年我也一直没有再婚，就是为了女儿啊。

对李妈妈所讲述的事例，心理专家说：“大多数幼小的孩子在父母离婚后都是跟母亲生活，而现代女性职业压力大，又带着孩子，生活就显得更加艰难。孩子在缺少父爱之后，母亲对孩子往往表现出过分严厉或过分溺爱。案例的孩子喜欢穿奇装异服、举止怪异，其实，就是缺乏父爱而造成的叛逆心理。”

走在大街上，到处能够看见一些着“奇装异服”的女孩子，这些孩子有的还只是初中生。她们刚刚进入青春期，就开始关注自己的外貌和打扮，她们希望自己成为万人瞩目的焦点。如此“非主流”的装扮，让许多父母很是担忧，那到底是什么原因让孩子这样打扮自己呢？

首先，青春期的孩子追求个性、自由的生活，这是青春期心理的最大特征。基于这样的心理，孩子们开始喜欢穿怪异的衣服，希望自己能够与众不同。其次，他们想通过身着奇装异服来弥补内心的不安。心理学家认为：“如果一个人界限感薄弱的话，除了感到与他人不同之处，还很难把握和他人之间该保持多远的距离。”许多孩子内心的极为不安，他们不确定自己的生活到底应该是什么样子，为了弥补心中的不安，她们故意穿着夸张的衣服，人为地与外界生活划清界限，以此来缓解内心的不安情绪。

孩子到了青春期，有了强烈的自我意识，他认为怎么样打扮自己都是自己的事情，不允许父母干涉，更讨厌父母对自己评头论足。其实，孩子的选择无可指责，或许，奇装异服能让孩子们找到“特立独行”、“有个性”的感觉。孩子喜欢这样的服饰，其实是显示出心里的一种渴求。作为父母，在引导孩子的时候，需要一定的策略，否则，只会起到相反的作用。

**心理支招：**

1. 了解孩子喜欢奇装异服的心理

孩子喜欢穿奇装异服，许多父母疑惑：是孩子审美有问题还是自己落伍

了？其实，父母应该了解孩子喜欢的东西，比如发型、头饰、服饰，弄清楚那些东西为什么吸引孩子，当你明白其中的原因之后，再跟孩子沟通自然就会有话题了。

2. 引导孩子选择适合自己年龄、身份的装束

莎士比亚曾说："如果我们沉默不语，衣裳和体态会泄露过去的经历。"你可以告诉孩子："如果你的打扮让人对你的身份产生不好的联想，那说明你的装扮很不合适宜。无论你是追求个性，还是追赶潮流，最好还是选择符合自身年龄、身份的装束，这样才会你才会更加美丽。"

3. 鼓励孩子，帮助孩子找回自信

如果孩子特别在意自己的外表，其实那是不自信的表现，他们通过穿着奇装异服来证明自己与众不同。对这样的孩子，父母应该多肯定孩子、赞扬孩子，帮助孩子建立自信心。因为一个真正自信的人是不需要刻意来证明自己的，更不会通过奇异的发型服饰来引起别人的注意的。

## 虚荣的追赶：大家有的我也要有

**家长的烦恼：**

几位中年妇女聚在一起聊天，不约而同地谈到了孩子追赶潮流的话题。一位母亲说："女儿今年上初二了，天天吵着要手机，我看许多学生都有，就答应了她。你猜她怎么说？说一定要买最新款的，不能比别人的差。"另一位母亲附和道："现在的孩子可爱攀比了，在吃、穿上处处和别人比较，他们一半的心思都花在攀比上，哪有精力用功读书啊。"

一直沉默的王女士说："早上我刚刚看了一个新闻，说一个 17 岁的安徽小伙子在网上接触了一个卖肾的中介，当时他正想买一个 iPad，但没钱。在中介的劝说下，他到某医院进行了肾摘除手术，卖肾赚钱。当我看到这个新闻，真是被吓倒了，现在的孩子一点也不让我们省心。""说到底，这就是虚荣心在作怪，我家孩子也是，经常嘴里说的都是名牌衣服、名牌鞋子啊，别人有的，他也要有，可我们有什么办法呢？孩子要，我们做父母的，还不是乖乖掏钱买。"一位母亲很无奈地说。

随着年龄的增长，心理上的成熟，许多青春期男孩子意识到了"金钱"的重要性。除了平时学习之外，无时无刻，他们不是在感受"钱"带来的虚荣感。小小年纪的他们已经开始欣赏歌星、影星的风采，欣赏迪斯科的节奏，欣赏百万富翁的潇洒，欣赏同学过生日花钱多，欣赏同学的名牌服饰。如此种种的欣赏，其实就是以自身在与他人做攀比。

在比较中，孩子发现别人在某方面远远超过自己，就可能产生欣赏、羡慕的心理。当然，健康的欣赏可以激发积极向上的动力，而变调的欣赏则会演变成攀比，还有可能诱发不健康的行为。处于青春期的孩子，他们已经开始用眼睛观察身边的一切，看到别人有的东西，他们往往不能冷静地分析"我是不是需要"，就急切地想拥有。

"再穷不能穷孩子"，这是曾经被广泛地刷在墙上、写在黑板上、挂在嘴边的一句话，表达了调动一切社会力量办教育的决心。但现在，人们对这句话有了新的理解。许多父母自己省吃俭用，但竭尽所能满足孩子的各种消费需求，极大地助长了孩子们互相炫耀的攀比心理。孩子们盲目地追逐虚荣的生活，作为父母应该反省自己。

**心理支招：**

对待孩子的攀比心理，父母如何引导呢？

1. 父母做好榜样

俗话说："大狗爬墙，小狗学样。"青春期的孩子有较强的模仿力，父母的一举一动都会给孩子留下深刻的印象。因此，作为父母，应该做好榜样，从自身做起，理性消费，在孩子面前切忌与同事、朋友盲目攀比，以免影响到孩子的心理。

2. 不要对孩子有求必应

许多父母存在着"再穷不能穷孩子"的思想，孩子想要手机，买；孩子想要名牌包包，买；孩子想要电脑，买。如此对孩子有求必应，很容易养成孩子过度的以自我为中心的心理。如果孩子想要什么就给什么，很容易养成孩子攀比的恶习，不利于孩子心理的健康发展。

3. 引导孩子理性消费

有的孩子只要看见朋友有了新的东西，他就想买，从来没考虑过那些东西是否真的适合自己，家里的经济条件是否能满足自己的要求。父母应该经常对孩子进行勤俭节约、艰苦奋斗的教育，对孩子的要求具体分析，合理的需求就答应，不合理的就要拒绝，引导孩子正确认识盲目消费的弊端，使孩子冷静对待虚荣，消除攀比心理。

## 如何让孩子丢弃肤浅的虚荣心

**家长的烦恼：**

张妈妈一直叹气："没想到这孩子被虚荣心害成这样。"接着，她讲了女

儿的事情：我女儿是一个活泼、多才多艺的孩子。她读小学的时候，学习成绩优异，表现突出，是老师和同学公认的好学生。六年中，她连续被评为校级三好学生，三次被评为区级三好学生。在成绩、荣誉和掌声中成长起来的她，心里常常处于一种骄傲和满足的状态。

但升入高中之后，面对着众多的竞争对手，她失去了往日的那种优越感、满足感，不甘落后的她使出浑身解数但还是不能如愿。上次期中考试，心高气傲的她对全班同学说："这次考试我一定要考进全班前十名。"可是，当卷子发到她手上之后，她傻眼了，成绩不理想。老师让她统计全班同学的各科成绩，自作聪明的她偷偷改了分数，一下子进入了全班前十名。但是，这件事很快被老师知道了，她被学校通报批评，还受到了处分。

从这件事以后，她情绪受到了很大的影响，整天忧心忡忡，愁眉不展，在家里也是心不在焉，经常一个人望着窗口发呆。

虚荣心是指过分爱面子、贪图追求表面光彩的不良心理，是思想作风不扎实，心理素质不健康的直接表现。虚荣心是自尊心的过分表现，是为了取得荣誉和引起普遍注意而表现出来的一种不正常的社会情感，是一种扭曲的心理现象。

生活中讲面子的心理会让人变得虚荣，这是可以理解的。每个人都喜欢面子，尤其是青少年，他们处于人生的成长阶段，心理很敏感，适度的虚荣不会对他们造成伤害，反而会促使他们上进。但是，有的孩子会羡慕别人的东西，比如名贵服饰，最后给自己增添一些不必要的麻烦。

虚荣心对青春期的孩子来说是一种可怕的心理，有强烈虚荣心的孩子在其成长过程中会出现种种问题，具体表现为：为了满足自己的虚荣心理，常常撒谎，情绪波动很大，学习不认真，缺乏意志力，等等。有的孩子总是在同学们面前炫耀自己在物质生活上的富足，一味地赶时髦、讲究吃、讲究穿、

讲究用，还有的不顾家里的经济情况，盲目地与同学攀比，追求品牌。其实，孩子之所以有这样的行为，就是虚荣心在作怪。

心理学家认为："虚荣心是以不适当的虚假方式来满足自尊的一种心理状态。"所以，对于父母来说，一旦发现自己的孩子产生了虚荣心理，不要置之不理，而是采取适当的办法纠正孩子失衡的心理。

**心理支招：**

那么，父母应该怎么做才能让孩子丢掉虚荣心呢？

1. 引导孩子树立正确的荣誉观

只有孩子树立了正确的荣誉观，有了荣誉感，才会激励自己不断进取，不断奋发向上。父母不妨这样告诉孩子："同学们吃大餐、穿名牌、坐名车并不值得你羡慕、嫉妒，因为这不是一种荣誉，只有你的学习成绩优异才是一种荣誉，让同学们羡慕你才对。"

2. 鼓励孩子自食其力

当孩子为了虚荣心而攀比的时候，你可以告诉孩子："不是不可比，而是要通过自己的劳动去创造。"比如，孩子跟别的孩子比手机的档次，父母可以鼓励孩子自己打工攒零花钱购买手机。这样不仅解决了孩子盲目攀比的难题，还让孩子形成了节约意识，养成动手动脑、发明创造的习惯。

# 第10章

## 用阳光抵制“荧光”，别让孩子的心被“网”住

现代社会，网络已经普及，走进了寻常百姓的家。网络尤其受到了许多青春期孩子的喜欢，他们可以在网络上聊天、玩游戏、看电影、交朋友、购物，在孩子们看来，网络是一个全新的世界，也是具有诱惑力的神秘世界。

# “网”住孩子心的到底是什么

**家长的烦恼：**

一位苦恼的家长讲述了儿子沉迷网络的事情：

我儿子今年16岁，在一所重点中学读书。本来他成绩不错，学习不用我们操心。可自从上了初三之后，孩子就渐渐地迷恋上网络，从此一发不可收拾。有时候，为了不让孩子去网吧玩，我们拒绝给他钱，以为这样他就不去网吧了，但是，他竟然偷偷地从我们钱包里拿钱去网吧。后来，竟然发展到了彻夜不归，沉浸于各种网络游戏的快乐之中。他的成绩也从一开始的中上水平降到全班倒数几名。我和他爸爸平时都忙于工作，没有多少时间管他，等到发现了，为时已晚。为了不让孩子继续下去，我们放下工作，好几次深夜走遍小区周围的网吧寻找孩子。

看到孩子这样的情况，我很不甘心。我也曾多次向相关部门投诉网吧接纳未成年人的问题，也惩罚过孩子，却还是制止不了儿子偷偷去上网。我就纳闷，网络到底有多大的迷惑性，把孩子害成这样？

随着互联网的普及和上网人数的增加，因过度沉溺网络而造成的网络成瘾现象引起了社会的广泛关注。而其中，以青春期孩子的网络成瘾问题尤为引人关注。由于孩子过度沉溺网络，导致学习成绩下降、行为变异，并出现各种心理障碍。青少年网络成瘾主要有以下几方面的原因：

1. 表达情感的场所

情感表达是青少年一个重要的心理需求，他们通过网上聊天，可以使他

们隐藏在内心深处的需要得到满足。与网友交流，他们得到了情感交流、尊重和满足感，不会感到孤独。

2. 心理宣泄的工具

随着学习竞争的日益激烈，老师、父母对孩子学习成绩要求越来越高。青少年在这样的情况下心理承受着巨大的压力，许多孩子因为学习不顺利、人际关系紧张等等，弄得自己很不安。而网络具有的隐匿性的特点，给孩子们适时转移、倾诉和宣泄自己不良情绪提供了机会和场所。上网逐渐成了孩子们释放心理压力、松弛身心的一种方式。

3. 体现自我价值感

社会心理学家认为，为了使自己的人生具有价值，获得明确的自我价值感，人需要了解别人，需要通过别人来了解自己，需要爱与被爱，需要归属和依赖，需要有机会显示自己的优越和展现自己的优点。许多孩子对自我价值感不满足，而网络这个虚拟世界为满足他们的价值感提供了机会。

4. 娱乐天地

网络被称为继报刊、广播和电视之后的第四媒体，它集文本、声音、图像、动画等形式于一体，孩子们可以在网上参加游戏、聊天、听音乐、看电影、读书等。网络的特点正好与青少年具有的好奇、喜欢刺激，对新事物接受反应迅速，强烈的求知欲的心理特征相符合。

研究发现，这样的青少年容易得“网瘾”：感觉学习很困难，体会不到学习的乐趣，而上网打游戏可以获得虚拟的奖励，宣泄学习上遇到的挫折带来的压抑；有的孩子人际关系比较差，他们希望通过上网来逃避现实；有的孩子则是父母的误导，许多父母只懂得限制孩子上网，而不懂得如何转移孩子对上网的注意力。有网瘾的孩子身上大多有性格内向、人格缺陷、猜忌心强、小心眼、自私等性格特征。

**心理支招：**

父母应该认真分析孩子沉溺网络的原因，结合孩子的心理特点，采取适当的措施：

1. 多与孩子沟通，注意沟通方式

许多父母与孩子沟通，总是居高临下。有时即使你说得对，孩子听来还是很反感。父母应该从孩子的特点出发，向朋友一样与孩子聊天，鼓励孩子多参加集体活动和社会活动，把精力和注意力放在学习上，淡化网络对青少年的吸引力。

2. 多关心孩子

大多数孩子沉溺网络是感觉自己受冷落了。许多父母忙于工作、忙于挣钱，忽视了对孩子身心的照顾，使得孩子深陷网络的泥潭。对此，父母要多给孩子一些关心，帮助孩子解决思想上的困惑，提高他们正确认识和使用网络的态度，使网络成为青少年健康成长的助推器。

## 沉迷于网络游戏无法自拔

**家长的烦恼：**

几位家长坐在心理咨询室里，聊起了孩子沉溺网络游戏的话题。

邓妈妈说："孩子高考之后彻底轻松，曾连续上网10小时，天天呆在家里玩网络游戏，不运动、不休息，我真担心他会玩上瘾影响身体健康。"

黎先生满脸愁云地说："我们家一对双胞胎，高考后放假在家迷上了打游戏。前几天他们兄弟俩为争电脑玩网络游戏大打出手，看到他们为玩游

戏而伤兄弟情，我非常生气，一怒之下扯下了键盘。以前他们利用周末玩玩放松一下，现在放假了就变本加厉地玩，我真想揍他们。”

坐在一边的杨女士也有同样的烦恼，她说：“儿子现在正在读初二，就有玩网络游戏上瘾的倾向。前段时间，沉迷游戏的他提出了不愿意上学，我当时生气把网线撤了，结果，孩子呆在家里任凭我们打骂就是不愿意上学，我实在是没辙了。”

那么，对网络游戏，孩子们是怎么看待的？

不少男孩子表示：“终于结束了紧张的考试，可以无忧无虑地玩游戏了。”王同学介绍说：“我们班里27位男生，大部分都会打网络游戏，但他们平时是做完作业才玩一玩，但有些玩游戏的同学学习成绩也特别好，平时也不怎么见他们上瘾。如果假期没人监管，那就很难说了。”一位高三的学生说：“经过高考后放松下来，我突然不知道该干些什么了。于是在网上打起了奇幻游戏，现在每天上网超过10小时，过着昏天黑地的日子。”

另外，不少孩子称，他们玩诸如“永恒之塔”、“热血英豪”、“冒险者”、“魔力宝贝”等游戏。有的游戏带有暴力、血腥、色情等因素。有的孩子还在游戏中买武器，买装备、道具，他说：“因为你想上的级数高一点，装备好才能打赢别人。”对此，教育专家表示，经常接触暴力游戏的孩子存在一定的暴力倾向。

其实，追寻青少年喜欢沉迷网络游戏的原因，大多数是为了需求某种心理需要。青春期的孩子有许多的心理需求，但是，有些需求很难得到满足，都需要付出艰苦的努力。然而，在网络这个虚拟世界里，他们却能轻易地得到满足。玩网络游戏，成功的概率大大增强，每打过一关，那种欣喜若狂的感受比在现实中要快乐得多。这种感觉会强化他们参与网络游戏的行为，使他们沉湎其中不能自拔。

**心理支招：**

1. 孩子成网游，父母要有耐心

许多父母在向心理医生求助的时候，都说“孩子玩网络游戏已经几年了”，试想，几年时间养成的习惯，会在几个月或者几天就改掉吗？作为父母，要想挽救那些对网络游戏着迷的孩子，一定要有耐心，简单、精暴的方法使孩子逆反。

2. 用亲情感化孩子

在家里，父母要给孩子提供一个温暖、宽松、民主的环境，让孩子感受到亲情的温暖。对待孩子，要多鼓励，少责备。这样，孩子不会因为父母的批评而难受，不用为实现不了父母的愿望而担心。当孩子感受到家的温暖的时候，他就会渐渐地远离网络游戏。

## 如何将网络的激情转移到正确的事物上

**家长的烦恼：**

李妈妈向心理医生讲述了女儿的病症：“我女儿是初三年级的学生，今年15岁，迷恋上网看玄幻小说已经两年了。她从小个性就比较腼腆，说话细声细气，不喜欢参加班里的集体活动。她最喜欢的就是看科幻小说，是一个典型的“哈利·波特迷”，只要有新版书籍发行，肯定要在第一时间买一本，而且，还要观看相关的影片。最近，她又迷上了玄幻小说和魔幻小说，说起《小兵新传》、《幻城》、《魔戒》等这些小说，她就神采飞扬，滔滔不绝，她称自己是新新人类。如果我说看那些小说没什么好处，她还会讥笑我不知道玄

幻小说、奇幻小说等这些流行词，而跟她一说到学习，她就紧皱眉头，一脸的无奈。”

心理医生询问道：“我想，你女儿的作文应该写得不错吧。”李妈妈点点头，回答说：“是的，她偏文科，语文成绩好一些。”心理医生继续说：“其实，你女儿也是有特长的，既然她的作文写得好，那么，你们就要从她的特长入手，转移她的注意力，这样，她的网瘾就会减轻了。”

青少年长期沉溺上网，往往会造成角色混乱、道德感弱化、人格的异化、学习的挫折以及健康的损害，导致其心理异常与精神的障碍，还会引发一些社会问题。

网瘾是指青少年对网络有一种莫名的激情，而这种激情到了痴迷的状态。许多网瘾少年表示“虽然我知道经常上网会影响我的学习，但是，我已经离不开网络了，看见电脑，我就会手痒，忍不住想去玩游戏、聊天”、“对网络的迷恋就好像吸毒上瘾，戒不掉”。其实，不少网瘾少年也有戒掉网瘾的想法，但是，每每到了关键时刻，他们却按捺不住内心的欲望。

为什么会这样呢？

处于青春期的孩子，他们的生理、心理尚未发育成熟。面对一些事情，他们已经能够冷静地思考，但是，他们的自控力还是远不如成年人。比如，有网瘾的成年人会自觉地想到自己还有工作要做，他们会果断地关掉电脑。但青少年就没有那么强的自控力，在网瘾的折磨下，他们只会弃械投降。

除此之外，许多痴迷于网络的孩子眼里只有网络，他觉得没有什么东西比网络更有吸引力了，因为只有在网络里，他们才会得到一种心理满足感，体会到成就感。其实，这样的孩子可能成绩比较差、人际关系不怎么样、父母也不关心自己，这些种种挫败感导致了他们甘愿走向虚拟的世界。

心理专家认为，当一个人沉迷于某一件事情而无法自拔的时候，如果这

时出现了另一件更有趣的事情，那么，他会分散注意力。当他开始喜欢了那件有趣的事情，发现更有意思时，他会脱离之前的那件让他沉迷的事情。其实，对于孩子网瘾的问题，父母可以采取一些措施，转移孩子的注意力。

**心理支招：**

1. 挖掘孩子的特长，激发其潜能

许多孩子在学习上屡屡挫败，这让他觉得自己很没用，进而将注意力集中到网络世界中。对这样的孩子，父母要善于去发现孩子的特长，激发孩子的潜能。比如，孩子的作文写得不错，就鼓励他多参加文学活动。一旦他在活动中获得了成功，就会大大增强他的自信心。

2. 培养孩子的兴趣爱好

发现孩子沉迷网络之后，你不妨巧妙地引导孩子将注意力转向他的兴趣爱好。比如，孩子以前就喜欢画画，你不妨告诉孩子"你不是最喜欢画画吗？我听说一位著名画家在城东开了一个画展，明天妈妈陪你一起去看，好不好？"有意识有目的地培养孩子的兴趣爱好，转移其注意力。

3. 鼓励孩子多参加健康的娱乐活动

孩子天天面对着电脑，他的精神和心理都处于一个颓废的状态。这时，父母不妨邀请孩子一起去郊外走走，散散心，让孩子呼吸新鲜空气，让他领悟到生活的美好。为了转移孩子对网络的注意力，父母要鼓励孩子多参加健康的娱乐活动，比如打球、做游戏等。

## “电脑少年”缺少更多的生活乐趣

**家长的烦恼：**

小柯刚刚上高一，却已经有两年的网瘾了。父母常年在外地做生意，他从小就跟着爷爷奶奶。他性格比较内向，因自己觉得长相平平，经常会感到自卑、低人一等。现在刚上高一，他对高中生活和新的教学方式不太适应，经常觉得自己与同学缺乏共同语言，没有什么朋友。

他感到很孤独，就到网上与网友聊天。在聊天中，他全身放松，乐在其中，从此就一发不可收拾。上初中的时候，他的学习成绩在班里处于中等偏上的水平，可自从迷上了网络，他的学习成绩一落千丈。由于没有父母的管束，他的行为越来越肆无忌惮，经常放学后直奔网吧，还夜宿网吧。由于沉溺网络，小柯与班里同学交流越来越少，对班主任和老师也是避而远之。

在外地做生意的父母了解到儿子的状况后，担忧不已。

在上面这个案例中，孩子的问题主要还是出在家庭教育上。由于缺乏父母的管束，而且，爷爷奶奶年纪也大了，无力管教孩子。孩子的父母在外打工，没法管教孩子，更谈不上与父母交流沟通，得不到父母的关怀和引导，因此，他的内心很容易产生孤独感。另外一方面，孩子进入高中后，由于学业的紧张，他很容易失去学习的积极性，转向虚拟世界寻求安慰。

从这个案例我们不难看出，“网络少年”常常是独自一个人面对着电脑，由于沉溺网络，他们渐渐地疏远了生活，缺少生活的乐趣。如果父母不及时加以引导，孩子会在网络世界里越陷越深。许多网络少年坦言“其实每一次

从网吧出来，我都感到内心很空虚、很孤独，长时间地沉溺网络，我已经没什么朋友，我总是独来独往。内心的空虚让我一次次陷入网络，只有在网络世界里，我才体会到没有压力的满足。可一旦从网络中出来，内心的空虚感变得更加强烈。”

心理学家认为，当一个人依恋的需求得不到满足，与家庭的亲密关系得不到满足，比如，失去了父母，或者生活在单亲家庭，缺少父母的关爱；或者与周围的同学、老师人际交往困难，难以适应周围环境的变化，很容易产生独孤感、无助感。在这样的心理驱使下，许多孩子借助网络交友或玩游戏，通过虚拟的人际沟通和情感上的交流，获得一种安慰、理解和支持，以弥补现实生活中人际和亲情的缺失。同时，对网络的痴迷反过来使得孩子在现实生活中感到更孤独，他们远离了人群，缺少了原来的生活乐趣。

**心理支招：**

1. 鼓励孩子多结交朋友

网络少年大多都是独来独往，他们没有什么朋友。对这样的孩子，父母要多鼓励孩子结交朋友。一旦孩子体会到与朋友相处的乐趣，他封闭的心就会打开，慢慢地融于朋友之中，不再痴迷于网络。

2. 尽量多抽时间陪伴孩子

许多父母常年在外做生意，或忙于工作；有的父母则是将大量的时间花在打麻将或逛街上，与孩子接触的时间就在吃饭的那片刻，孩子会感觉到自己不受重视，进而把空虚的心理发泄在网络上。因此，父母应尽量多抽时间陪伴孩子，让孩子体会到生活的乐趣。

3. 多组织一些家庭活动

在周末或者假期的时候，父母可以组织一些家庭活动。比如一家人去

郊外野炊，去外地旅游，或者去逛街。最能体现家庭温暖的形式就是一家人经常在一起吃饭，如果父母忙得没有时间与孩子一起吃顿饭，父母要反省自己的行为了。孩子痴迷网络，父母有不可推卸的责任。父母要增强对家庭、对孩子的责任感，关心、关爱孩子，使孩子体会到家庭的温暖和生活的乐趣。

## 网络聊天，孩子陷入情感的漩涡

**家长的烦恼：**

这是一位家长的自述：

我女儿现在上初二，她是在小升初的假期里开始玩电脑的。无意中我看见孩子与一位网络人在打情骂俏。我问这是怎么回事，她说是游戏里认识的朋友，没什么。我当时也没往别处想，觉得孩子有能力，知道自己应该做什么。可是到了初一开学，女儿还在和那个网络人（一个上海男孩）保持联系，经常聊天。

我曾经劝过女儿，女儿表示同意，要好好学习，不再玩游戏，不再和那个上海男孩联系了。可暗地里，她只要一上网，那个男孩子就来找她，两人又聊上了，女儿还向我坦白："我喜欢那个男生，我不想伤害他。"我很吃惊，但没说什么，我怕过激的行为会起反作用。昨晚他们又聊到11点多。早上女儿特意告诉我不要动她的手机，不要随便看她的短信。我答应了，但是当妈妈的我很想知道他们到底聊了什么，我偷偷看了短信，其中一条是男孩争取暑假来北京玩，这么说他们就要见面了，我该怎么办？

孩子进入青春期，父母对孩子的异性交往常常会有过敏的反应。为了

防止或劝阻早恋，父母绞尽脑汁，随时提防，有苗头的要及时扼杀。但是，实际结果却是发生在不知不觉中。其中，网恋问题成为父母头疼的问题。※想象中的爱情总是比现实中的美好，想象中的恋人是虚幻的、完美的，极具吸引力，这就是网恋的魅力。孩子陷入网恋，长时间生活在童话般的完美世界里，会使孩子对现实世界的适应能力下降，不利于孩子的身心发展。对于孩子网恋，父母应该采用哪些妙招呢？

**心理支招：**

1. 亲自监督，必要时施行强制管理

有的孩子网瘾很大，不能在短时间根除，怎么办？父母如果有时间，可以陪着孩子一起上网，这样，孩子就会不好意思当着父母的面网恋。对于陷入网恋，无法自拔的孩子，父母要采取一些强制的措施，如，电脑加密，控制上网的时间，规定使用电脑的时间，减少孩子上网的机会。

2. 注重与孩子多交流情感

父母要多与孩子进行情感交流，让孩子感受到父母的爱。即使工作再忙，也要尽量抽出时间来陪孩子，关心孩子。多与孩子沟通，随时关注孩子的情绪变化。告诉孩子网恋的坏处，分析厉害，让孩子冷静思考，自己纠正网恋行为。

3. 与孩子一起讨论恋爱、异性的话题

在青春期，父母可以大方、自然地与孩子讨论恋爱、异性的话题。如果父母对孩子的要求越多、限制越多，更容易激发孩子的好奇心和探究的欲望。如果是女孩子，父母还要教会孩子自我保护的方法，比如辨别骚扰、拒绝诱惑、应急求助等。

## 帮助孩子戒掉网瘾的小妙招

**家长的烦恼：**

杨爸爸讲述了自己帮助儿子戒除网瘾的经历：

我儿子是上高中时患上网瘾的，他看到同学玩游戏，慢慢地自己也开始玩网络游戏，高考结束后两个月没什么事情可以做，更是玩得欲罢不能。

儿子的竞争心理很强，在游戏中总想比别人强。为了游戏升级，他便花钱冲点卡，找开发商买游戏道具、装备。我也监管过，但效果不好，有时管得太严了，他就去同学家玩，有时还花钱到网吧去，经常玩通宵。

后来我多次找儿子聊天，了解他玩游戏的一些心理。为了帮助儿子戒掉网瘾，我和儿子答成口头协议，每天玩两个小时。后来他上了大学，我鼓励他参加校园里的课外活动，他爱上了打乒乓球。在我的支持下，他与同学合伙在网上开了一个卖球鞋的网店。他接触到了比玩网络游戏更有意思的事情，注意力开始慢慢转移了。现在，他再玩电脑的时候，已经没瘾了，只玩一些益智类的体育游戏。

网络是社会进步的象征，它渐渐地成为了孩子们获取信息、学习知识、交流思想、休闲娱乐的重要平台。但是，由于网络环境比较复杂，信息良莠不齐，而处于青春期的孩子涉世未深，阅历尚浅，识别能力较差，自控能力偏弱，很容易染上了网瘾。

如何判断孩子染上网瘾呢？

一是从上网时间看，如果孩子每天上网，或是每周上网累计超过二十个

小时以上的，说明有了网瘾；二是从孩子的行为表现看，有网瘾的孩子眼神是空的、冷漠的。上网成瘾后，孩子的性格和心理都会发生很大的变化，比如对周围发生的事情没有反映，感觉对什么事情都没有兴趣，生活空虚，没有目标，等等。

**心理支招：**

1. 加强掌控，让孩子在家上网

现代社会是一个信息社会，如果家里不安装宽带或要求孩子不上网是很不现实的。而不限时的宽带对孩子没有约束力，会给孩子上网成瘾创造条件。父母可以与孩子商量：一是在家上网，不允许孩子到网吧去玩；二是使用包月限时宽带，控制孩子上网时间和次数；三是协商好上网的时间，到了规定的时间，父母要提醒，并监督孩子关闭网络。

2. 鼓励孩子多参加一些有益于身心健康的活动

父母可以鼓励孩子多参加一些有益于身心健康的活动，比如体育运动、摄影、艺术类活动等，如果他们能感受到生活中的亲情、友情，接触到更有益的事情，就不会沉迷于虚拟的网络世界了。这种替代法，对孩子戒掉网瘾有一定的效果。

## 如何让网络充分发挥积极教育效应

**家长的烦恼：**

小磊原来是一个听话乖巧的孩子，学习成绩也不错。升入初中后，经常

需要借助网络查资料，父母就在家里安装了宽带，方便小磊上网。

小磊接触网络之后，就像找到新大陆一样新奇。一有时间，他就上网，渐渐地查资料的次数越来越少，看动漫、玩游戏的时间越来越长了。一个学期之后，小磊的视力下降得很厉害，学习成绩也严重下滑，精神状态也远不如以前。

其实，网络对青春期的孩子是有着积极影响的。青少年可以利用网络学习更多的知识，了解一些现代高科技知识，还可以开阔视野和智力，促进知识的拓展，弥补一些传统方式教育不能起到的作用。

网络信息量很大，信息交流的速度也是相当快。青少年可以随意在网上获得自己的需求，浏览来自世界各地的新闻信息，还有一些书本上没有的知识。在这样一个知识量极大的平台，使青少年学习的领域非常宽广，极大地开阔了青少年的视野，给青少年学习、生活带来了许多便利和乐趣。

网络是一个虚拟的世界，在这个世界里，每一个人都能够超越时空，与一些相识或不相识的人进行联系和交流，谈论一些共同的话题。由于网络的虚拟性，避免了直接交流时带来的摩擦与伤害，是一个崭新的交流场所。青少年可以借助网络的互动性，通过网上聊天室或者是BBS等方式广交朋友，参与社会问题的讨论。

另外，网络还可以促进青少年个性化发展，拓展青少年教育的空间，对青少年心理发展与健康有着积极影响。

总而言之，网络对青少年的影响是利大于弊。但是，父母也千万不能忽视网络的消极影响。引导孩子正确使用网络，使网络成为孩子学习上的帮手，生活中的伙伴。

**心理支招：**

1. 父母做好表率

父母应该及时学习充电，了解电脑、网络的一般常识，和孩子一起感受网络带来的便利与快捷。如果你什么都不懂的话，就没办法引导孩子了。而且，父母应该做好表率，如果父母沉迷于网络游戏、网络聊天等活动，孩子便会效仿。

2. 父母积极做好引导工作

父母的引导作用体现在“事前”和“事后”两个方面。在孩子接触电脑之前，父母应该提前将一些上网、学习和做人的道理讲给孩子，让他遇到问题有解决的办法；在孩子接触电脑和网络之后，父母要多观察、多检查，并积极与孩子沟通，发现问题及时采取对策，不要等孩子出了问题、有了网瘾再解决。

3. 引导孩子浏览绿色网站

在网上漫无目的地闲逛很容易吞噬孩子的时间和意志，作为父母，不能放任孩子无规律、无目的地在网上打发时间，而是帮孩子树立良好的上网习惯，提高学习效率，比如引导孩子浏览绿色网站，通过网络技术，学习到更多的新知识。

## 身体力行的活动更有吸引力

**家长的烦恼：**

一位智慧的母亲讲述了自己帮助孩子戒掉网瘾的事例：

我儿子迷上的是“农场游戏”。这个简单的游戏，他玩得是不亦乐乎，废寝忘食。他一有空就泡在网上偷菜，为了防止自己的菜在夜里被人偷，他还设置了闹铃，在凌晨三点钟起来收菜。平时上学的时候，他也会哀求我允许他带手机，因为他想玩农场游戏。

我觉得儿子这样的状态已经比较危险了，怎么样帮助他呢？我在网上查阅了不少资料，发现现在的农场游戏不仅仅在网上，它已经出现在现实生活中了。许多农场建在郊区，周末或节假日，有许多城里人到自己承包的土地上亲手参与种菜、收菜。我觉得这是一个好办法，对儿子讲了，他也觉得很新奇，答应周末与我一起去体验实实在在的农场。

从这以后，儿子爱上了去农场种菜、收菜、做饭的过程，我们几乎每个周末都去，他也渐渐地远离了网络农场游戏。

教育专家称，全球有1140万名网民患有不同程度的互联网成瘾综合症，年龄主要介于15～45岁之间。网瘾是一种心理疾病，它是长期迷恋网络导致的，要克服它对于孩子们来说确实是一件难事，这需要家长的正确引导和耐心帮助。

案例中的母亲带领孩子参加真实的农场劳动，孩子自然会觉得现实生活中的活动更真实、更直观、更有吸引力，就不再迷恋网络游戏了，这样的方法值得其他家长学习和借鉴。

**心理支招：**

1. 鼓励孩子参加一些社会实践活动

在每个暑假或寒假，学校都会组织一些社会实践活动，但许多父母怕孩子吃苦受累，不愿意让孩子参加。其实，父母应该鼓励孩子多参加一些社会实践活动，将对网络的注意力转移到社会实践中去，在社会实践活动中，能

让孩子更好地了解社会，弥补社会知识的不足。

2. 让孩子多体验现实生活

在假期或节假日的时候，有条件的父母可以带着孩子去农村、敬老院、科技馆等处体验生活，或教给孩子做一些身体力行的家务劳动，比如，做饭、扫地。父母还可以给孩子报名参加夏令营活动，达到让孩子体验生活的目的。

# 参考文献

[1] 郭晓雷. 青少年必须克服的人性的弱点全集[M]. 北京:中国三峡出版社,2007.

[2] 章程. 了解青春期孩子的心:男孩版[M]. 北京:化学工业出版社,2010.

[3] 胡琳. 父母送给青春期男孩的枕边书[M]. 北京:中国纺织出版社,2010.

[4] 云晓. 10～18 岁青春期,与女孩谈人生的 100 个细节[M]. 北京:朝华出版社,2011.